I0487043

Enrico Di Vito
Vittorio Di Vito

LA VALUTAZIONE DELL'INQUINAMENTO ARMONICO E DEL RELATIVO DANNO ECONOMICO NEI SISTEMI ELETTRICI

Ingegneria Elettrica

Enrico Di Vito e Vittorio Di Vito
La valutazione dell'inquinamento armonico e del relativo danno economico nei sistemi elettrici

ISBN 978-1-4092-0791-7

© Copyright 2008 by Enrico Di Vito e Vittorio Di Vito

Per contattare gli autori: vittorio.di.vito@inwind.it

Nella stessa collana:

Libri

Vittorio Di Vito, *Il calcolo della vita utile dei componenti elettrici*

Vittorio Di Vito, *Elementi di analisi ed ottimizzazione dei sistemi elettrici dissimmetrici*

Vittorio Di Vito, *Esercitazioni di Misure Elettriche*

Monografie

Vittorio Di Vito, *Progetto dell'impianto elettrico in uno studio dentistico*

Vittorio Di Vito, *Regolazione della frequenza e della potenza di scambio in un sistema elettrico con interconnessioni di rete*

Vittorio Di Vito, *Progetto preliminare del sistema elettrico per una stazione di pompaggio*

Vittorio Di Vito, *Preliminary review on optimization methods*

Tutti i diritti sono riservati a norma di legge.

Nessuna parte di questo libro può essere riprodotta, memorizzata in sistemi d'archivio o trasmessa in qualsiasi forma o mezzo, elettronico, meccanico, fotocopia, registrazione o altri, senza la preventiva autorizzazione scritta degli autori. Gli autori si sono fatti carico della preparazione del libro e dei softwares in esso eventualmente contenuti. Gli autori non si assumono alcuna responsabilità, esplicita o implicita, riguardante tali softwares o il contenuto del testo. Gli autori non potranno in alcun caso essere ritenuti responsabili per incidenti o conseguenti danni che derivino o siano causati dall'uso dei softwares o dal loro funzionamento oppure dall'applicazione dei concetti espressi nel testo. Nomi e marchi citati nel testo sono generalmente depositati o registrati dalle relative case produttrici.

La valutazione dell'inquinamento armonico e del relativo danno economico nei sistemi elettrici

© Copyright 2008 by Enrico Di Vito e Vittorio Di Vito

Enrico Di Vito
Ingegnere Elettrico, indirizzo Energia

Vittorio Di Vito
Ingegnere Elettrico, indirizzo Energia
Dottore di Ricerca in Ingegneria Elettrica e dell'Informazione

Vittorio Di Vito è autore di quattro libri (*Elementi di analisi ed ottimizzazione dei sistemi elettrici dissimmetrici, Il calcolo della vita utile dei componenti elettrici, La valutazione dell'inquinamento armonico e del relativo danno economico nei sistemi elettrici* e *Esercitazioni di Misure Elettriche*) e quattro monografie (*Progetto dell'impianto elettrico in uno studio dentistico, Regolazione della frequenza e della potenza di scambio in un sistema elettrico con interconnessioni di rete, Progetto preliminare del sistema elettrico per una stazione di pompaggio, Preliminary review on optimization methods*).

PREMESSA

Il presente volume ha lo scopo di sviluppare ed illustrare in dettaglio una metodologia completa destinata alla valutazione degli effetti dell'inquinamento armonico su un sistema elettrico e del danno economico che ne consegue. Gli effetti della presenza di distorsione armonica sulla tensione di alimentazione e sulle correnti conseguentemente assorbite sono qui valutati con riferimento ai principali componenti di un sistema elettrico, quali cavi, lampade ad incandescenza, banchi di capacità, trasformatori e motori ad induzione.

Il libro, pertanto, si rivolge tanto agli ingegneri coinvolti nella progettazione, nell'analisi, nell'ottimizzazione o nella manutenzione di sistemi elettrici industriali quanto ai ricercatori operanti in tali ambiti e, più in generale, agli studenti di Ingegneria Elettrica.

Particolare enfasi è posta nel presente volume sugli effetti della sollecitazione termica agente sui componenti sopra citati ed è proprio in base alla sollecitazione termica in presenza di armoniche che viene calcolata la durata di vita utile dei componenti medesimi.[*]

L'analisi degli effetti dell'inquinamento armonico sui componenti del sistema elettrico è condotta inizialmente in ambito deterministico ed è estesa poi all'ambito probabilistico, che meglio rappresenta le reali condizioni di esercizio del generico sistema elettrico industriale di potenza.

Una volta descritta così la metodologia di calcolo della vita utile dei componenti elettrici, viene illustrata la metodologia di valutazione del danno economico associato alla presenza dell'inquinamento armonico in un sistema elettrico industriale di potenza.

---

[*] *Una metodologia ancora più accurata per la valutazione della durata di vita utile di tali componenti, poi, può essere trovata nel volume "Il calcolo della vita utile dei componenti elettrici" (Vittorio Di Vito, Lulu Editore, ISBN 978-1-4303-2535-2), laddove la determinazione della durata di vita utile dei componenti viene effettuata considerando anche la sollecitazione di tipo elettrico, in presenza di inquinamento armonico.*

Il volume, pertanto, costituisce un valido strumento per la comprensione e la successiva applicazione di una procedura finalizzata alla valutazione della durata di vita dei principali componenti di un sistema elettrico industriale ed alla quantificazione del danno economico associabile alla presenza di inquinamento armonico nel sistema medesimo.

Allo scopo di facilitarne la consultazione, il libro è diviso in quattro parti: la prima parte si riferisce allo sviluppo dei modelli termici dei componenti elettrici esaminati ed alla valutazione della diminuzione della vita utile dei componenti medesimi in presenza di inquinamento armonico, la seconda allo sviluppo del modello per la valutazione del danno economico, la terza all'illustrazione dei metodi probabilistici per la valutazione delle armoniche di tensione e di corrente nei sistemi elettrici e la quarta, infine, all'applicazione della procedura proposta ad un caso di studio.

Malgrado la cura posta nella redazione del libro, gli Autori sono ben consapevoli della possibilità che esso contenga eventuali errori, pertanto saranno grati a quanti vorranno darne loro comunicazione al seguente indirizzo e-mail: vittorio.di.vito@inwind.it.

Cassino, Marzo 2008

*Enrico Di Vito
Vittorio Di Vito*

INDICE

Parte II
Valutazione del danno economico causato dagli effetti delle armoniche di tensione e di corrente

Parte III
Metodi probabilistici per la valutazione delle armoniche di tensione e di corrente nei sistemi elettrici

Parte IV
Applicazioni

Questa pagina è stata lasciata intenzionalmente bianca

INDICE DELLE FIGURE

Questa pagina è stata lasciata intenzionalmente bianca

INDICE DELLE TABELLE

Questa pagina è stata lasciata intenzionalmente bianca

Ingegneria Elettrica

Enrico Di Vito, Vittorio Di Vito

La valutazione dell'inquinamento armonico e del relativo danno economico nei sistemi elettrici

© Copyright 2008

Appunti ed osservazioni

INTRODUZIONE

Negli ultimi tempi, si è andato sempre più diffondendo nelle reti di distribuzione dell'energia elettrica l'utilizzo di carichi non lineari.

Come ben noto, i carichi non lineari assorbono dal sistema elettrico correnti non sinusoidali che, circolando nella rete di alimentazione, sono causa di deformazione della forma d'onda della tensione nei nodi della stessa.

Gli effetti di tale distorsione sono diversi e si manifestano sia sulla rete che sulle utenze.

La valutazione quantitativa degli effetti delle deformazioni normalmente viene effettuata attraverso approcci di tipo deterministico e supponendo, quindi, di conoscere con certezza tutti i dati di ingresso del problema.

In realtà, i dati di ingresso necessari per la valutazione dell'inquinamento armonico e, quindi, dei suoi effetti sono caratterizzati dalla presenza di inevitabili incertezze e ciò è principalmente dovuto alle variazioni delle potenze, attive e reattive, richieste dai carichi lineari, alle modifiche via via subite dalla rete nella sua configurazione e, infine, ai cicli di funzionamento dei carichi non lineari stessi.

Appare quindi evidente che, dovendosi portare in conto tali incertezze, è necessario abbandonare le tecniche di tipo deterministico per passare ad applicare tecniche di analisi di tipo probabilistico.

Nel libro, in primo luogo, vengono analizzati gli effetti della deformazione di tensione e corrente che si presentano sui principali componenti di un sistema elettrico industriale, ossia su cavi, banchi di capacità, trasformatori, motori e lampade (sezione I).

Nella sezione II viene, poi, affrontato il problema della quantizzazione economica degli effetti della distorsione, introducendo una opportuna funzione di "danno". In particolare, tale funzione viene dapprima individuata nell'ipotesi che i livelli di inquinamento armonico siano noti con certezza; successivamente, ne viene introdotta una formulazione in termini probabilistici, per tenere conto del fatto che, come detto, i livelli di inquinamento sono noti come livelli probabili, caratterizzati cioè da funzioni di densità di probabilità.

Nella sezione III, vengono proposte quelle tecniche di analisi che consentono di caratterizzare probabilisticamente le armoniche di tensione e di corrente nei nodi di una rete e che, pertanto, portano all'individuazione delle suddette densità di probabilità.

Nella parte finale del libro (sezione IV), infine, viene proposta un'applicazione numerica sulla valutazione del danno prodotto dall'inquinamento armonico su di un sistema elettrico industriale.

PARTE I

EFFETTI DELLE ARMONICHE DI TENSIONE E DI CORRENTE SUI COMPONENTI DI UN SISTEMA ELETTRICO

Appunti ed osservazioni

1

SOMMARIO DELLA PARTE I

La distorsione delle forme d' onda di tensione e di corrente è causa di effetti nocivi sui componenti di un sistema elettrico.

Tali effetti sono, in generale, riconducibili a diversi fenomeni fisici.

In particolare, si possono avere fenomeni di stress elettrico nei materiali isolanti, essenzialmente dovuti alle armoniche di tensione, e fenomeni di stress termico, dovuti alle armoniche di corrente.

Sono infine possibili anche eventi di tale intesità da determinare l'immediata distruzione del componente.

In questa sezione si analizzano essenzialmente gli effetti non distruttivi che si presentano sui principali componenti di un sistema elettrico industriale, ossia su cavi, banchi di capacità, trasformatori, motori e lampade ad incandescenza.

Si precisa, inoltre, che eventuali confronti tra il caso di funzionamento in condizioni di regime sinusoidale ed il caso di funzionamento in condizioni di regime distorto sono effettuati a parità dei valori efficaci della tensione (corrente) in regime sinusoidale e della fondamentale della forma d'onda della tensione (corrente) in regime distorto, ossia:

$$V = V_1 \tag{1}$$

dove:

V = valore efficace della tensione (corrente) nel caso di regime sinusoidale;

V_1 = valore efficace della fondamentale della forma d' onda di tensione (corrente) nel caso di regime distorto.

Appunti ed osservazioni

2

CAVI

Nel caso dei cavi, le armoniche di corrente causano perdite addizionali nei materiali conduttori (perdite per effetto Joule) e le armoniche di tensione causano perdite addizionali negli isolanti (perdite nel dielettrico).

Questi due effetti si possono considerare degli effetti "diretti" della distorsione armonica ossia, gerarchicamente, si può parlare di effetti del primo ordine.

Le perdite per effetto Joule e nel dielettrico sono, a loro volta, causa di ulteriori effetti che non si manifestano immediatamente ma solo successivamente ed in modo "indiretto", ossia, gerarchicamente, si può parlare di effetti del secondo ordine. Si tratta, a tal proposito, della diminuzione della vita utile del cavo.

Da un lato, infatti, l'aumento delle perdite per effetto Joule nei conduttori porta ad un aumento della temperatura e, di conseguenza, alla velocizzazione delle reazioni di ossidazione del materiale isolante; tali fenomeni portano al decadimento delle buone caratteristiche elettriche e meccaniche dell'isolante stesso rendendo così necessaria la sostituzione del cavo in anticipo rispetto alla durata di vita convenzionale in condizioni di funzionamento nominale.

Dall'altro, anche l'aumento delle perdite nel dielettrico, rispetto alle condizioni di funzionamento nominale, porta ad una maggiore sollecitazione del materiale isolante e, quindi, al suo precoce invecchiamento; si rende, pertanto, necessaria la sostituzione anticipata del cavo stesso.

In seguito, le perdite nel dielettrico vengono supposte trascurabili, così come è sempre nei cavi di bassa tensione e frequentemente nei cavi di media tensione, e si considerano presenti soltanto le perdite per effetto Joule.

2.1 AUMENTO DELLE PERDITE PER EFFETTO JOULE

Nel caso di regime sinusoidale la potenza dissipata per effetto Joule in un conduttore, P_c^s, è pari a:

$$P_c^s = R \cdot I^2 \tag{2}$$

dove:

R = resistenza in a.c. di un conduttore a frequenza di rete, alla sua temperatura di funzionamento;

I = valore efficace della corrente.

Nel caso di regime distorto, invece, si deve tener conto anche delle perdite Joule alle armoniche.

La potenza dissipata per effetto Joule in un conduttore, P_c^d, è allora data dalla relazione:

$$P_c^d = R \cdot I^2 + \sum_{h=2}^{H} R_h \cdot I_h^2 \tag{3}$$

dove:

I = valore efficace della fondamentale della forma d'onda di corrente;

H = ordine armonico massimo;

R_h = resistenza in a.c. di un conduttore alla frequenza corrispondente all'armonica di ordine h, alla sua temperatura di funzionamento;

I_h = valore efficace dell'armonica di corrente di ordine h circolante in un conduttore.

Per la determinazione della resistenza R_h si fa riferimento alla relazione:

$$R_h = R' \cdot \left(1 + Y_{1,h} + Y_{2,h}\right) \tag{4}$$

dove:

R_h = resistenza in a.c. alla frequenza corrispondente all'armonica di ordine h;

$Y_{1,h}$ = incremento del valore della resistenza per "effetto pelle";

$Y_{2,h}$ = incremento del valore della resistenza per "effetto prossimità";

R' = valore della resistenza in d.c.

Tra le precedenti grandezze sussistono le seguenti relazioni:

$$Y_{1,h} = F(x_h) \tag{5}$$

con:

$$x_h = \left[\left(8 \cdot \pi \cdot f_h \cdot 10^{-7}\right)/R'\right]^{\frac{1}{2}}$$
$$F(x_h) = \left[0,933 \cdot x_h^4 \cdot e^{0,041 \cdot x_h}\right]/\left(192 + 0,8 \cdot x_h^4\right) \tag{6}$$

Inoltre, per i cavi bipolari si ha:

$$Y_{2,h} = F(x_h) \cdot (dc/s)^2 \cdot 2,9 \tag{7}$$

Per i cavi tripolari, invece:

$$Y_{2,h} = F(x_h) \cdot (dc/s)^2 \cdot \{0,312 \cdot (dc/s)^2 + $$
$$+ \left[1,18/(F(x_h)+0,27)\right]\} \tag{8}$$

dove:

dc= diametro del conduttore;

s = distanza tra gli assi dei conduttori;

f_h = frequenza corrispondente all'armonica di ordine h.

Alcuni valori di R_h per un cavo bipolare da 0.75 kV e per un cavo tripolare anch'esso da 0.75 kV sono riportati nela tabella 1.

Nel caso dei cavi di tab. 1 i rapporti P_c^d/P_c^s, tra le perdite per effetto Joule in condizioni di regime distorto e le perdite per effetto Joule in condizioni di regime sinusoidale, calcolati per valori di riferimento dei rapporti I_h / I [tab.2], a parità dei valori efficaci, rispettivamente, della corrente nel caso sinusoidale e della fondamentale della forma d' onda della corrente nel caso distorto, sono riportati in tab. 3. I valori di riferimento delle armoniche di corrente sono quelli corrispondenti al caso di un ponte trifase di Graetz in cui si trascuri il fenomeno della commutazione.

Ordine armonico	Resistenza del cavo bipolare tipo FG50K/533; 2*25mmq; 0.75 kV; 50Hz. $[\Omega / m]$	Resistenza del cavo tripolare tipo FG50K/425; 4*95mmq; 0.75 kV; 50Hz. $[\Omega / m]$
1	0.000913	0.000243
5	0.000918	0.000244
7	0.000923	0.000247
11	0.000938	0.000253
13	0.000948	0.000257
17	0.000973	0.000266
19	0.000988	0.000271

Tab. 1 - Valori della resistenza alla fondamentale ed alle armoniche per i cavi PIRELLI FG50K/533 e FG50K/425

Si considerano presenti le armoniche di corrente di ordine 5, 7, 11, 13, 17, 19.

Ordine armonico	Valore del rapporto I_h / I (%)
5	20.0
7	14.3
11	9.1
13	7.7
17	5.9
19	5.3

Tab 2 - Valori di riferimento dei rapporti I_h / I

Valori del rapporto P_c^d/P_c^s	
Cavo FG50K/533 bipolare	Cavo FG50K/425 tripolare
1.08231	1.08279

Tab. 3 - Valori del rapporto P_c^d/P_c^s per i cavi esaminati

2.2 DIMINUZIONE DELLA VITA UTILE DEL CAVO

L'invecchiamento dei cavi adoperati in M.T. e in B.T. è collegato, essenzialmente, all'invecchiamento dell'isolante. Il processo di invecchiamento dell'isolante è molto complesso a causa dei diversi fattori che contribuiscono a determinarlo.

Considerando i valori usuali dei gradienti di temperatura e di tensione a cui i cavi sono sottoposti, il processo di invecchiamento può essere considerato essenzialmente dovuto al fattore termico. L' ammontare di tale invecchiamento viene valutato attraverso adeguati modelli matematici della vita del cavo.

Il problema del calcolo dell'invecchiamento dell'isolante del cavo si traduce, così, nel problema del calcolo della temperatura raggiunta dal cavo nel funzionamento continuativo.

Il calcolo della temperatura può essere fatto attraverso le formule di seguito riportate osservando che in esse deve essere considerato come assegnato il valore della corrente e come incognita la temperatura del cavo.

Si ricorda che, avendo supposto trascurabili le perdite nel dielettrico, l'aumento di temperatura dipende soltanto dalle perdite per effetto Joule.

In condizioni di regime sinusoidale permanente, per l'aumento di temperatura rispetto all'ambiente vale la relazione:

$$T - T_a = R \cdot I^2 \cdot T_1 + \left(n \cdot R \cdot I^2\right) \cdot \left[\left(1 + \lambda_1\right) \cdot T_2 + \left(1 + \lambda_1 + \lambda_2\right) \cdot \left(T_3 + T_4\right)\right] \quad \textbf{(9)}$$

dove:

n = 1,2,3 rispettivamente per cavi unipolari, bipolari e tripolari;

T = temperatura raggiunta dal conduttore;

T_a = temperatura ambiente;

T_1 = resistenza termica tra il conduttore e la guaina o schermo;

T_2 = resistenza termica tra la guaina o schermo e l'armatura;

T_3 = resistenza termica di servizio esterno;

T_4 = resistenza termica del mezzo circostante;

λ_1 = rapporto tra le perdite nella guaina metallica o schermo e le perdite totali in tutti i conduttori;

λ_2 = rapporto tra le perdite nell'armatura e le perdite totali in tutti i conduttori;

R = resistenza in a.c. di un conduttore a frequenza di rete, alla sua temperatura di funzionamento;

I = valore efficace della corrente.

Anche in regime distorto si assume che il processo di invecchiamento dei cavi in M.T. e in B.T. sia collegato essenzialmente ai fenomeni di degrado di tipo termico. In tale ipotesi è possibile valutare l' ammontare dell'invecchiamento attraverso i modelli di vita messi a punto per il caso sinusoidale.

Per l'aumento di temperatura in condizioni di regime distorto, non considerando le perdite per effetto Joule alle frequenze armoniche nella guaina metallica o schermo e nell'isolante posto attorno al conduttore di neutro, è valida la relazione:

$$T - T_a = I^2 \cdot \left(R + \sum_{h=2}^{\infty} R_h \cdot K_h^{\,2} \right) \cdot T_1 +$$

$$+ n \cdot I^2 \cdot \left[\left(R + \sum_{h=2}^{\infty} R_h \cdot K_h^{\,2} \right) + R \cdot \lambda_1 \right] \cdot T_2 + \qquad (10)$$

$$+ n \cdot I^2 \cdot \left[\left(R + \sum_{h=2}^{\infty} R_h \cdot K_h^{\,2} \right) + R \cdot \lambda_1 + R \cdot \lambda_2 \right] \cdot (T_3 + T_4)$$

dove:

I = valore efficace della fondamentale della forma d' onda della corrente

R_h = resistenza in a.c. di un conduttore alla frequenza corrispondente all'armonica di ordine h, alla sua temperatura di funzionamento;

K_h = rapporto tra I_h e I.

Una relazione analoga alle (9) e (10) vale per i cavi a 4 conduttori.

La correlazione tra la vita del cavo e la temperatura può essere ricavata utilizzando la legge di Arrhenius brevemente richiamata nel Capitolo 7.

Per ricavare la vita del cavo in regime sinusoidale e in regime distorto si deve sostituire la temperatura T, ottenibile rispettivamente dalle relazioni (9) e (10) nella (49) del Capitolo 7, che qui si riporta per completezza:

$$L = A \cdot e^{K/T}$$

Così facendo è possibile calcolare la diminuzione della vita utile ΔL dalla relazione:

$$\Delta L = L_c^s - L_c^d \tag{11}$$

dove:

L_c^s = durata di vita del cavo nel caso sinusoidale;

L_c^d = durata di vita del cavo nel caso non sinusoidale.

Appunti ed osservazioni

3

LAMPADE AD INCANDESCENZA

Le lampade ad incandescenza rappresentano un dispositivo ohmico-induttivo fortemente sensibile alla distorsione armonica della tensione.

Gli effetti della distorsione armonica sulle lampade sono essenzialmente legati alle perdite per effetto Joule nel filamento ed alla diminuzione della vita utile della lampada.

3.1 AUMENTO DELLE PERDITE PER EFFETTO JOULE NEL FILAMENTO

Se nel circuito equivalente di una lampada ad incandescenza si considera trascurabile il parametro induttivo, cosa del tutto ragionevole, la lampada ad incandescenza stessa può essere rappresentata come in fig. 1.

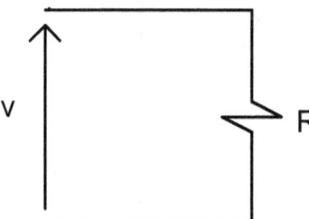

Fig. 1 - Circuito equivalente di una lampada ad incandescenza

Nel caso di funzionamento in regime sinusoidale le perdite per effetto Joule nel filamento, P_1^s, sono date dalla relazione:

$$P_1^s = \frac{V^2}{R} \tag{12}$$

dove:

R = resistenza del filamento in a.c. a frequenza di rete, alla sua temperatura di funzionamento;

V = valore efficace della tensione.

Nel caso di funzionamento in condizioni di regime distorto, invece, si deve tener conto anche delle perdite Joule alle armoniche e le perdite per effetto Joule nel filamento, P_1^d, sono date dalla relazione:

$$P_1^d = \frac{V^2}{R} + \sum_{h=2}^{H} \frac{(V_h)^2}{R} \tag{13}$$

dove:

V = valore efficace della fondamentale della forma d'onda della tensione;

V_h = valore efficace dell'armonica di tensione di ordine h.

Si noti che non è stata presa in considerazione la variazione della resistenza del filamento con la frequenza, ossia si è supposto:

$$R = R_h \tag{14}$$

(h=2,3,4,...,H)

Nel caso di una lampada ad incandescenza con filamento di resistenza pari a 100 Ω i rapporti P_1^d/P_1^s, tra le perdite per effetto Joule in condizioni di regime distorto e le perdite per effetto Joule in condizioni di regime sinusoidale per diversi valori dei rapporti V_h/V, calcolati a parità dei valori efficaci, rispettivamente, della tensione nel caso sinusoidale e della fondamentale della forma d'onda della tensione nel caso distorto, sono riportati in tab. 4.

Si considerano presenti le armoniche di tensione di ordine 5,7,11,13,17,19.

Valori assunti dal rapporto V_h / V (%)	Valori assunti dal rapporto P_1^d / P_1^s
1	1.0006
3	1.0054
5	1.015
7	1.0294
10	1.06

Tab. 4 - Valori assunti dal rapporto P_1^d / P_1^s al variare dei valori assunti dai rapporti V_h / V

3.2 DIMINUZIONE DELLA VITA UTILE DELLA LAMPADA

La vita del bulbo è legata alla tensione di alimentazione della lampada dalla relazione:

$$L_1 = \frac{1}{\left[V_{p.u.}\right]^{n'}} \tag{15}$$

dove:

L_1 = durata di vita del bulbo della lampada rapportata alla durata di vita nominale;

$V_{p.u.}$ = valore efficace della tensione di alimentazione della lampada, in p.u.;

n' = coefficiente normalmente assunto pari a 13.

Nel caso di funzionamento in condizioni di regime sinusoidale si ha:

$$L_1^s = \frac{1}{\left[V_{p.u.}\right]^{n'}} \tag{16}$$

dove:

L_1^s = durata di vita del bulbo nel caso sinusoidale;

$V_{p.u.}$ = valore efficace della tensione di alimentazione, in p.u..

Nel caso di funzionamento in condizioni di regime distorto, invece, la durata di vita del bulbo, L_1^d, è espressa dalla relazione:

$$L_1^d = \frac{1}{\left[V_{p.u.}^2 \cdot \left(1 + THD^2\right)\right]^{\frac{n'}{2}}} \tag{17}$$

dove:

$V_{p.u.}$ = valore efficace della fondamentale della tensione di alimentazione in p.u.;

THD = tasso di distorsione armonica totale, definito come segue:

$$THD = \frac{1}{V} \cdot \left[\sum_{h=2}^{\infty} V_h^2\right]^{\frac{1}{2}} \tag{18}$$

con:

V = valore efficace della fondamentale della forma d' onda della tensione;

V_h = valore efficace dell'armonica di tensione di ordine h.

Si può notare che un T.H.D. di elevato valore accorcerà significativamente la vita del bulbo e che le variazioni nella fondamentale di tensione sono relativamente più sentite delle variazioni nel tasso di distorsione.

4

BANCHI DI CAPACITA'

Gli effetti della distorsione armonica rilevabili sui banchi di capacità sono l'aumento delle perdite nel dielettrico e la diminuzione della vita utile.

4.1 AUMENTO DELLE PERDITE NEL DIELETTRICO

Nel caso di funzionamento in condizioni di regime sinusoidale la relazione che esprime le perdite nel dielettrico, P_b^s , è la seguente:

$$P_b^s = \omega \cdot C \cdot V^2 \cdot \text{tg}\delta \qquad (19)$$

dove:
C = valore della capacità;
ω = pulsazione alla fondamentale;
V = valore efficace della tensione;
tg δ = fattore di perdita.

Nel caso di funzionamento in condizioni di regime distorto l'espressione valida per le perdite nel dielettrico, P_b^d , è:

$$P_b^d = \omega \cdot C \cdot V^2 \cdot \text{tg}\delta + \sum_{h=2}^{H} V_h^2 \cdot \omega \cdot h \cdot C \cdot \text{tg}\delta_h \qquad (20)$$

dove:
V = valore efficace della fondamentale della forma d' onda della tensione;

V_h = valore efficace dell'armonica di tensione di ordine h;

$\text{tg}\delta_h$ = fattore di perdita all'armonica di ordine h.

Assumendo che il fattore di perdita sia indipendente dalla frequenza e cioè che $\delta = \delta_2 = ... = \delta_h$, l'espressione (20) si semplifica nel modo seguente:

$$P_b^d = \omega \cdot C \cdot tg\delta \cdot \left[V^2 + \sum_{h=2}^{H} h \cdot V_h^2 \right] \qquad (21)$$

Nel caso di un condensatore di capacità pari a 0.00075 F e con fattore di perdita uguale a 0.004 i rapporti P_b^d/P_b^s, tra le perdite nel dielettrico in condizioni di regime distorto e le perdite nel dielettrico in condizioni di regime sinusoidale, calcolati per diversi valori dei rapporti V_h/V, a parità dei valori efficaci, rispettivamente, della tensione nel caso sinusoidale e della fondamentale della forma d'onda della tensione nel caso distorto, sono riportati in tab. 5.

Si considerano presenti le armoniche di tensione di ordine 5,7,11,13,17,19.

Valori assunti dai rapporti V_h/V (%)	Valori assunti dal rapporto P_b^d/P_b^s
1	1.0072
3	1.0648
5	1.18
7	1.3528
10	1.72

Tab. 5 - Valori assunti dal rapporto P_b^d/P_b^s al variare dei valori assunti dai rapporti V_h/V

4.2 Diminuzione della vita utile

Si faccia riferimento al sistema mostrato in fig.2

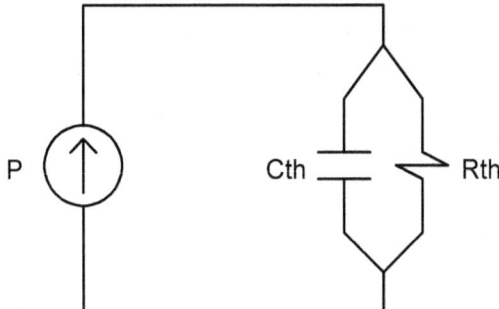

Fig. 2 - Circuito termico equivalente di un banco di capacità

dove:

Rth = resistenza termica;

Cth = capacità termica;

P = potenza dissipata (è il forzamento termico del circuito equivalente).

La temperatura del punto più caldo, in condizioni sinusoidali, T^s, è espressa dalla relazione:

$$T^s = R_{th} \cdot P_b^s \tag{22}$$

dove P_b^s è la potenza dissipata nel dielettrico.

La temperatura del punto più caldo in condizioni non sinusoidali - ossia in presenza di un forzamento termico sulle condizioni nominali -, T^d, è fornita allora dalla equazione:

$$T^d = R_{th} \cdot P_b^d \cdot \left[1 - e^{-\frac{t}{\tau}} \right] + R_{th} \cdot P_b^s \cdot e^{-\frac{t}{\tau}} \tag{23}$$

dove:

t = tempo;

τ = costante di tempo termica, data dal prodotto:

$$\tau = R_{th} \cdot C_{th} \tag{24}$$

con:

C_{th} = capacità del circuito termico equivalente;

P_b^d = potenza dissipata nel dielettrico nel caso di funzionamento in condizioni di non sinusoidalità.

A questo punto per ricavare il decremento della durata della vita utile del componente è necessario utilizzare la legge di Arrhenius.

Nel caso di funzionamento in condizioni di regime sinusoidale si ha:

$$L_b^s = A_b \cdot e^{\frac{k_b}{T^s}} \qquad (25)$$

dove:

A_b , K_b = costanti dipendenti dal materiale;

L_b^s = durata di vita del componente nel caso sinusoidale;

T^s = temperatura raggiunta dal punto più caldo in condizioni di regime sinusoidale.

Nel caso di funzionamento in condizioni di regime non sinusoidale, invece, si ha:

$$L_b^d = A_b \cdot e^{\frac{k_b}{T^s + \Delta T}} \qquad (26)$$

dove:

L_b^d = durata di vita del componente nel caso non sinusoidale;

ΔT = aumento della temperatura che si ha nel funzionamento in condizioni non sinusoidali.

L' incremento relativo della temperatura che si ha in condizioni non sinusoidali è espresso dalla relazione:

$$\frac{\Delta T}{T^s} = \frac{T^d - T^s}{T^s} = \frac{P_b^d \cdot \left[1 - e^{-\frac{t}{\tau}}\right] + P_b^s \cdot e^{-\frac{t}{\tau}} - P_b^s}{P_b^s} \qquad (27)$$

che, a regime ($t \rightarrow \infty$), diventa:

$$\frac{\Delta T}{T^s} = \frac{P_b^d - P_b^s}{P_b^s} \tag{28}$$

e, quindi:

$$\Delta T = \frac{T^s}{P_b^s} \cdot \left(P_b^d - P_b^s\right). \tag{29}$$

Appunti ed osservazioni

5

TRASFORMATORI

Gli effetti della distorsione armonica sui trasformatori si possono riassumere nell'incremento delle perdite per effetto Joule, delle perdite per dispersione [perdite per correnti parassite dovute al flusso elettromagnetico disperso] e dei fenomeni di stress dell'isolante e nella diminuzione della vita utile della macchina. Le perdite per dispersione e i fenomeni di stress dell'isolante vengono, nel seguito, supposti trascurabili.

5.1 AUMENTO DELLE PERDITE PER EFFETTO JOULE

La relazione che fornisce l' ammontare delle perdite per effetto Joule in un trasformatore va ricavata con riferimento al suo circuito equivalente.

Il circuito equivalente per un trasformatore monofase, funzionante in regime sinusoidale, è riportato nella fig. 3.:

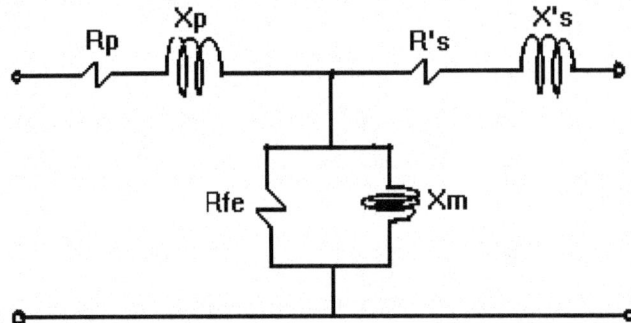

Fig. 3 - Circuito equivalente di un trasformatore monofase alla fondamentale

La potenza perduta per effetto Joule nel caso sinusoidale, P_t^s ,trascurando il cappio magnetizzante, è espressa dalla relazione:

$$P_t^s = R_{eq} \cdot I^2 \qquad (30)$$

dove:

R_{eq} = resistenza equivalente del trasformatore;

I = valore efficace della corrente.

In condizioni di regime non sinusoidale il circuito equivalente del trasformatore alla generica armonica di ordine h è:

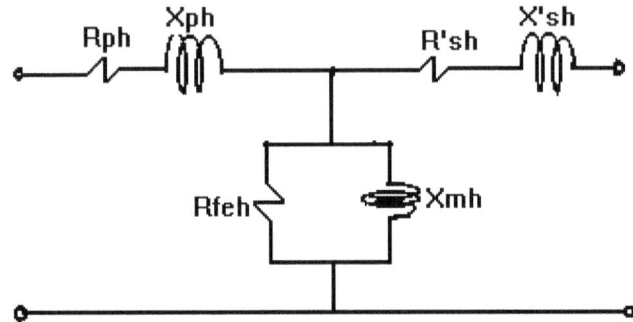

Fig. 4 - Circuito equivalente di un trasformatore monofase alle armoniche

e la potenza dissipata per effetto Joule, P_t^d, ottenibile trascurando il cappio magnetizzante e applicando il principio di sovrapposizione degli effetti, è:

$$P_t^d = R_{eq} \cdot I^2 + \sum_{h=2}^{H} R_{eqh} \cdot I_h^2 \qquad (31)$$

dove:

R_{eqh} = resistenza equivalente del trasformatore all'armonica di ordine h;

I_h = valore efficace dell'armonica di corrente di ordine h.

Analoghi circuiti equivalenti e analoghe espressioni permettono il calcolo delle potenze Joule dissipate nel caso del trasformatore trifase.

Nel caso dei due trasformatori da 630 kVa e da 250 kVA, i cui dati di targa sono riportati in tab. 6, i rapporti P_t^d / P_t^s, tra le perdite per effetto Joule in condizioni di regime distorto e le perdite per effetto Joule in condizioni di regime sinusoidale, calcolati per gli stessi valori dei rapporti I_h / I riportati in tab. 2, a parità dei valori efficaci, rispettivamente, della corrente nel caso sinusoidale e della fondamentale della forma d' onda della corrente nel caso distorto, sono riportati in tab. 8.

Si considerano presenti le armoniche di corrente di ordine 5,7,11,13,17,19.

I valori dei parametri dei circuiti equivalenti, alla fondamentale ed alle armoniche, dei due trasformatori in esame, riportati in tab 7, sono stati ricavati mediante le relazioni qui riportate:

$$X_{eqh} = h \cdot X_{eq} \tag{32}$$

$$R_{eqh} = R_{eq} \cdot \left[0.87 + 0.13 \cdot \left(h^{1.45} \right) \right] \tag{33}$$

dove:

h è l' ordine armonico;

R_{eq} e R_{eqh} sono i valori della resistenza equivalente del trasformatore, rispettivamente, alla fondamentale ed alla armonica di ordine h;

X_{eq} e X_{eqh} sono i valori dell'impedenza equivalente del trasformatore, rispettivamente, alla fondamentale ed alla armonica di ordine h;

Caratteristiche tecniche dei trasformatori	Trasfor. 630 kVA	Trasfor. 250 kVA
potenza apparente nominale (kVA)	630	250
frequenza di alim. nominale (Hz)	50	50
tensione nominale primaria (kV)	15	20
tensione a vuoto secondaria (V)	400	400
corrente a vuoto (%)	1.8	2.15
perdite a vuoto (%)	0.206	0.29
tensione di c.c. (%)	4	4
perdite in c.c. (%)	1.032	1.35

Tab. 6 - Dati di targa del trasformatore da 630 kVA e del trasformatore da 250 kVA esaminati

Ordine armonico	Resistenza equivalente riportata al secondario (Ω)[trasform. 250 kVA]	Resistenza equivalente riportata al secondario (Ω)[trasform. 630 KVA]
1	0.007798	0.002620
5	0.017242	0.005793
7	0.023818	0.008003
11	0.039590	0.013301
13	0.048581	0.016322
17	0.068455	0.023000
19	0.079248	0.026626

Tab.7 - Valori dei parametri dei circuiti equivalenti alla fondamentale ed alle armoniche dei trasformatori, espressi in Ω

Valori del rapporto P_t^d / P_t^s	
Trasformatore 250 kVA	Trasformatore 630 kVA
1.28897	1.28897

Tab. 8 - Valori del rapporto P_t^d / P_t^s per i trasformatori esaminati

La tab. 8 mostra come il rapporto P_t^d / P_t^s sia lo stesso per entrambi i trasformatori; ciò è dovuto al fatto che i rapporti R_{eqh} / R_{eq} per i due trasformatori sono costanti a parità di ordine armonico.

5.2 DIMINUZIONE DELLA VITA UTILE

I materiali isolanti utilizzati nei trasformatori sono, come tutti i materiali dielettrici, particolarmente sensibili ai fenomeni di inquinamento armonico.

I fenomeni di inquinamento armonico, infatti, danno origine, in tali materiali, ad un processo di invecchiamento ossia ad una precoce perdita delle proprietà elettromeccaniche, il che comporta un sensibile accorciamento della durata di vita della macchina.

Il calcolo della durata di vita della macchina viene eseguito applicando la solita legge di Arrhenius.

In condizioni di funzionamento in regime sinusoidale, la durata di vita della macchina, L_t^s, è:

$$L_t^s = A_t \cdot e^{\frac{K_t}{T^s}} \tag{34}$$

dove:

A_t, K_t = costanti dipendenti dal materiale dielettrico;

T^s = temperatura raggiunta dal punto più caldo in condizioni di regime sinusoidale.

Nel caso di funzionamento in condizioni di regime non sinusoidale, invece, la durata di vita della macchina L_t^d è espressa dalla relazione:

$$L_t^d = A_t \cdot e^{\frac{K_t}{T^s + \Delta T}} \tag{35}$$

dove:

ΔT = aumento della temperatura del punto più caldo che si ha nel funzionamento non sinusoidale.

Per il calcolo del ΔT si può far riferimento, ancora una volta, ad un circuito termico equivalente tipo quello di fig.2 ottenendo per ΔT un' espressione del tipo:

$$\Delta T = \frac{T^s}{P_t^s} \cdot \left(P_t^d - P_t^s \right). \tag{36}$$

6

MOTORI

Gli effetti della distorsione armonica sui motori - asincroni e ad induzione - sono legati alle perdite per effetto Joule e nei materiali dielettrici ed alla diminuzione della vita utile della macchina. Tali effetti possono essere valutati utilizzando un opportuno circuito equivalente ed applicando il principio di sovrapposizione degli effetti.

Le armoniche di corrente presenti, inoltre, hanno degli effetti sul valore medio della coppia che possono, nella maggior parte dei casi, essere trascurati.

La fig.5, ad esempio, mostra il circuito equivalente di un motore ad induzione alla frequenza fondamentale.

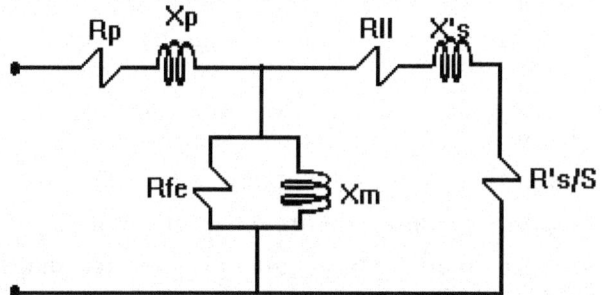

Fig. 5 - Circuito equivalente di un motore ad induzione alla fondamentale

In fig. 5:

Xm = reattanza di magnetizzazione;

Rfe = resistenza equivalente alle perdite nel ferro;

Rp = resistenza di statore;

Xp = reattanza di statore;

R's = resistenza di rotore riportata allo statore;

X's = reattanza di rotore riportata allo statore;

RII = resistenza che porta in conto le perdite per dispersione;

S = scorrimento.

Allo stesso modo, per ogni frequenza armonica può essere sviluppato un circuito equivalente corrispondente (fig. 6) ed ogni armonica di tensione o di corrente può esservi applicata separatamente.

Le perdite totali della macchina (ad eccezione di quelle per attrito e ventilazione) saranno uguali alla somma delle perdite di ogni circuito equivalente.

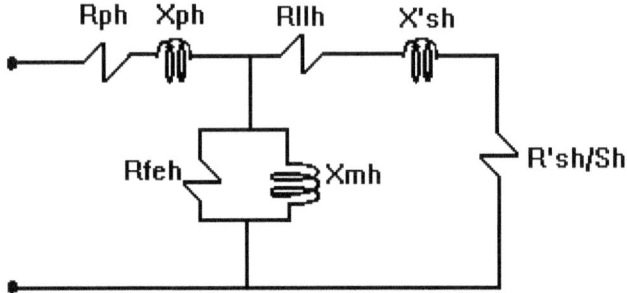

Fig. 6 - Circuito equivalente di un motore ad induzione alle armoniche

In fig. 6:

Xmh = reattanza di magnetizzazione all'armonica di ordine h;

Rfeh = resistenza equivalente alle perdite nel ferro all'armonica di ordine h;

Rph = resistenza di statore all'armonica di ordine h;

Xph = reattanza di statore all'armonica di ordine h;

RIIh = resistenza equivalente alle perdite per dispersione all'armonica di ordine h;

X'sh = reattanza di rotore riportata allo statore all'armonica di ordine h;

R'sh = resistenza di rotore riportata allo statore all'armonica di ordine h;

Sh = scorrimento alla frequenza di ordine h, espresso dalla relazione:

$$S_h = \frac{3 \cdot K}{3 \cdot K \mp 1} \tag{37}$$

dove K è un intero.

Si osservi che il circuito equivalente alle armoniche di un motore ad induzione può essere approssimato dal circuito mostrato in fig.7, riconoscendo che, nel caso del motore ad induzione, X'sh, R'sh ed Rllh sono molto più piccoli rispetto a Rfeh ed Xmh e che lo scorrimento S_h è, di solito, prossimo all'unità.

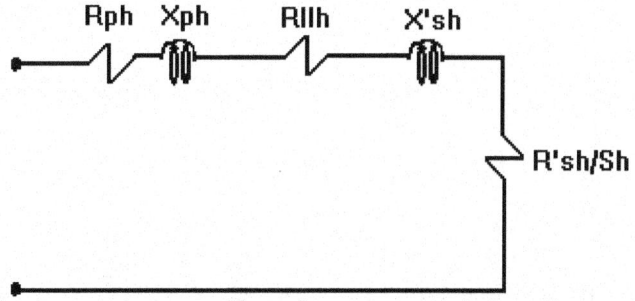

Fig. 7 - Circuito equivalente semplificato di un motore ad induzione alle armoniche

Circuiti equivalenti del tutto analoghi approssimano il comportamento del motore asincrono.

Anche per i motori si ipotizzano trascurabili le perdite nel dielettrico e si considerano presenti, pertanto, solamente le perdite per effetto Joule.

6.1 AUMENTO DELLE PERDITE PER EFFETTO JOULE

Facendo riferimento al circuito equivalente alla frequenza fondamentale di fig.5, le perdite per effetto Joule, nel caso di funzionamento in condizioni sinusoidali, P_m^s , si possono ricavare come:

$$P_m^s = R_{eq} \cdot \left(\frac{V}{Z_{eq}} \right)^2 \tag{38}$$

dove:

R_{eq} = resistenza equivalente del motore;

Z_{eq} = impedenza equivalente del motore;

V = valore efficace della tensione di alimentazione.

Nel caso di funzionamento in condizioni di regime distorto, invece, la potenza dissipata per effetto Joule , P_m^d, facendo riferimento al circuito equivalente alle armoniche di fig. 6, è fornita dalla relazione:

$$P_m^d = R_{eq} \cdot \left(\frac{V}{Z_{eq}}\right)^2 + \sum_{h=2}^{H} R_{eqh} \cdot \left(\frac{V_h}{Z_{eqh}}\right)^2 \qquad (39)$$

dove:

V = valore efficace della fondamentale della forma d'onda della tensione;

V_h = valore efficace dell'armonica di tensione di ordine h;

R_{eqh} = resistenza equivalente all'armonica di ordine h;

Z_{eqh} = impedenza equivalente all'armonica di ordine h.

Nel caso dei due motori ad induzione da 110kW e da 11 kW alimentati a 380 V, le cui caratteristiche sono riportate in tab 9., i rapporti P_m^d/P_m^s , tra le perdite per effetto Joule in condizioni di regime distorto e le perdite per effetto Joule in condizioni di regime sinusoidale, calcolati per diversi valori dei rapporti V_h/V, a parità dei valori efficaci, rispettivamente, della tensione nel caso sinusoidale e della fondamentale della forma d'onda della tensione nel caso distorto, sono riportati in tab. 11.

Si considerano presenti le armoniche di tensione di ordine 5,7,11,13,17,19.

I valori dei parametri dei circuiti equivalenti, alla fondamentale ed alle armoniche, dei motori in esame, riportati in tab 10, sono stati ricavati mediante le relazioni:

$$R_{eqh} = R_{eq,s} + \left\{ \left[R_{br} + \left(\frac{Z_2}{p}\right)^2 \cdot \frac{1}{2 \cdot \pi^2} \cdot R_a \right] \cdot \frac{3}{Z_2} \cdot \left(z_1 \cdot \xi_1\right)^2 \right\} \qquad (40)$$

$$X_{eqh} = h \cdot X_{eq,s} + X_{br} \cdot \frac{3}{Z_2} \cdot (z_1 \xi_1)^2 \tag{41}$$

dove:

h = ordine armonico;

R_{eqh} = resistenza equivalente riportata allo statore all'armonica di ordine h;

$R_{eq,s}$ = resistenza di statore;

R_{br} = resistenza di barra rotorica;

R_a = resistenza dell'anello rotorico;

p = numero di coppie polari;

Z_2 = numero di cave rotoriche;

z_1 = numero di conduttori per cava statorica;

ξ_1 = fattore di avvolgimento statorico;

X_{eqh} = reattanza equivalente riportata allo statore all'armonica di ordine h;

X_{br} = reattanza di dispersione di barra rotorica;

$X_{eq,s}$ = reattanza di statore;

con:

$$R_{br} = K_{Rr} \cdot R_{b_0} \tag{42}$$

$$X_{br} = 2 \cdot \pi \cdot 50 \cdot h \cdot K_{Lr} \cdot L_{b_0} \tag{43}$$

dove:

R_{b_0} = resistenza di barra in corrente continua;

L_{b_0} = coefficiente di autoinduzione di dispersione di barra in corrente continua;

$$K_{Rr} = \xi \cdot \frac{senh(2 \cdot \xi) + sen(2 \cdot \xi)}{\cosh(2 \cdot \xi) - \cos(2 \cdot \xi)}$$

$$K_{Lr} = \frac{3}{2 \cdot \xi} \cdot \frac{senh(2 \cdot \xi) - sen(2 \cdot \xi)}{\cosh(2 \cdot \xi) - \cos(2 \cdot \xi)}$$

e:

$$\xi = 2 \cdot \pi \cdot h_c \cdot \sqrt{s_1 \cdot 50 \cdot h \cdot 10^{-5} / \rho}$$

dove nell'ultima relazione:

h_c è l' altezza di cava rotorica;

s_1 è il valore dello scorrimento;

ρ è la resistività del rame.

Caratteristiche tecniche	Motore 110 kW	Motore 11 kW
potenza (kW)	110	11
numero coppie polari	2	2
altezza cava rotorica (mm)	30	26.5
larghezza cava rotorica (mm)	5	4.62
numero dei conduttori di cava statorica	88	336
numero di cave statoriche	48	36
numero di cave rotoriche	40	28
fattore di avvolgimento	0.885	0.945
lunghezza di macchina (mm)	320	160
frequenza di alim. nominale (Hz)	50	50
sezione dell'anello rotorico (mmq)	480	285.2
scorrimento nominale	0,01	0.037

Tab. 9 - Caratteristiche tecniche dei due motori esaminati

Ordine armonico	Resistenza equivalente riportata allo statore		Impedenza equivalente riportata allo statore	
h	Motore 110 kW	Motore 11 kW	Motore 110 kW	Motore 11 kW
1	3.354	21.186	3.415	21.957
5	0.182	5.801	1.648	14.23
7	0.208	6.63	2.273	19.123
11	0.249	7.987	3.513	28.855
13	0.267	8.571	4.131	33.706
17	0.299	9.618	5.362	43.384
19	0.313	10.095	5.977	48.214

Tab.10 - Valori dei parametri dei circuiti equivalenti alla fondamentale ed alle armoniche dei motori da 110 kW e da 11 kW

Valori assunti dai rapporti V_h / V (%)	Valori assunti dal rapporto P_m^d / P_m^s	
	Motore 110 kW	Motore 11 kW
1	1.000056	1.000167
3	1.000506	1.001502
5	1.001407	1.004174
7	1.002757	1.00818
10	1.005627	1.016695

Tab. 11 - Valori assunti dal rapporto P_m^d / P_m^s al variare dei valori assunti dai rapporti V_h / V

6.2 DIMINUZIONE DELLA VITA UTILE

Per i motori vale lo stesso discorso fatto per i trasformatori ossia le armoniche, di tensione in questo caso, causano il precoce invecchiamento dell'isolante e, di conseguenza, il decremento della vita utile della macchina.

Utilizzando le espressioni ricavate da Arrhenius si ricavano, qui di seguito, le espressioni della vita utile del componente motore nei casi di sinusoidalità e di distorsione.

Nel caso di funzionamento in condizioni di regime sinusoidale la durata di vita, L_m^s, è fornita dalla relazione:

$$L_m^s = A_m \cdot e^{\frac{K_m}{T^s}} \tag{44}$$

dove:

A_m, K_m = costanti dipendenti dal materiale;

T^s = temperatura raggiunta dal punto più caldo in condizioni di regime sinusoidale.

Nel caso di funzionamento in condizioni di regime distorto, invece, la durata di vita della macchina L_m^d è data dalla relazione:

$$L_m^d = A_m \cdot e^{\frac{K_m}{T^s + \Delta T}} \tag{45}$$

dove:

ΔT = aumento di temperatura del punto più caldo che si ha nel funzionamento in condizioni non sinusoidali.

L'aumento di temperatura ΔT, facendo riferimento al circuito termico equivalente tipo quello di fig.2, è esprimibile come:

$$\Delta T = \frac{T^s}{P_m^s} \cdot \left(P_m^d - P_m^s \right) \tag{46}$$

7

LA LEGGE DI ARRHENIUS

Il degrado termico dei materiali organici o inorganici può essere rappresentato dalla seguente equazione che esprime la reazione di invecchiamento di tali materiali:

$$\frac{dR}{dt} = A \cdot e^{-[E/(K \cdot T)]} \tag{47}$$

In questa equazione dR/dt rappresenta la velocità di riduzione delle proprietà; A ed E sono due costanti dipendenti dal materiale e, in particolare, E è l' energia di attivazione della reazione di invecchiamento; K è la costante dei gas o, a seconda delle unità di misura, la costante di Boltzmann; T è la temperatura assoluta.

La forma dell'equazione originale derivata da Arrhenius si ottiene dalla (47) tramite integrazione, ossia:

$$\ln L = \frac{E}{K} \cdot \frac{1}{T} + B \tag{48}$$

nella quale si trova indicata, direttamente, la durata di vita L.

Di solito la Legge di Arrhenius si trova espressa nella forma:

$$L = A \cdot e^{K/T} \tag{49}$$

dove:

A,K sono costanti,

L èla durata di vita del materiale,

T è la temperatura assoluta.

Quindi la correlazione tra vita del cavo e temperatura può essere ricavata utilizzando tale legge che, però, presenta lo svantaggio di essere esponenziale.

Esprimendola in forma logaritmica, essa diventa:

$$\log_{10} L = \log_{10} A + \frac{K}{T} \cdot \log_{10} e \qquad (50)$$

e, ponendo:

$a = \log_{10} A$

$b = K \cdot \log_{10} e \qquad\qquad (51)$

$x = \log_{10} L$

$y = 1/T$

la (50) diventa:

$$x = a + b \cdot y \qquad (52)$$

che è l' equazione di una retta.

Utilizzando, pertanto, un grafico con scala logaritmica in base 10 sull' asse delle ascisse $\left(x = \log_{10} L\right)$ ed avente sull'asse delle ordinate $y = 1/T$ si possono riportare direttamente le coppie dei valori ottenuti sperimentalmente tracciando, così, le "curve di vita".

PARTE II

VALUTAZIONE DEL DANNO ECONOMICO CAUSATO DAGLI EFFETTI DELLE
ARMONICHE DI TENSIONE E DI CORRENTE

Appunti ed osservazioni

8

SOMMARIO DELLA PARTE II

Gli effetti nocivi causati dalla distorsione armonica sui componenti di un sistema elettrico industriale possono essere quantificati in termini economici. A tal fine si può introdurre il concetto di danno inteso come costo addizionale di esercizio e di investimento che si deve sopportare in seguito al funzionamento dei componenti in regime distorto.

In questo capitolo, tale concetto viene dapprima applicato nell'ipotesi che i livelli di inquinamento armonico siano noti con certezza e che, quindi, tutte le grandezze di interesse siano determinabili a priori in modo esatto (Capitolo 9).

Si propone, poi, l' applicazione dello stesso concetto in ambito probabilistico, ossia nei casi reali assai frequenti di livelli di inquinamento noti come livelli probabili, caratterizzati cioè da funzioni di densità di probabilità (Capitolo 10).

Appunti ed osservazioni

9

VALUTAZIONE DEL DANNO ECONOMICO

CON UN APPROCCIO DETERMINISTICO

Con riferimento ad un sistema elettrico industriale si vogliono valutare i danni, di nodo e di linea, riferiti ad un periodo di tempo sufficientemente lungo che rappresenta il periodo di studio del sistema elettrico assegnato. Il numero di anni corrispondente a tale periodo nel seguito viene indicato con n^s.

I valori di danno calcolati con riferimento a ciascun anno, inoltre, vengono tutti attualizzati all'inizio del primo anno del periodo di studio, tenendo conto del tasso di attualizzazione e dei valori dei tassi di aumento annuo dei costi unitari dell'energia elettrica e dei singoli componenti.

9.1 DANNO DI NODO

Si assuma che in un nodo siano derivati i seguenti carichi:

- carichi luce (lampade ad incandescenza);

- banchi di capacità;

- motori.

Sia L l'insieme dei carichi luce (lampade ad incandescenza), B l'insieme dei banchi di capacità, M l'insieme dei motori elettrici e siano λ, β, γ dei coefficienti tali che:

$$\lambda = \begin{cases} 0 \text{ se } L \text{ è vuoto} \\ 1 \text{ se } L \text{ è non vuoto} \end{cases}$$

$$\beta = \begin{cases} 0 \text{ se } B \text{ è vuoto} \\ 1 \text{ se } B \text{ è non vuoto} \end{cases} \qquad (53)$$

$$\gamma = \begin{cases} 0 \text{ se } M \text{ è vuoto} \\ 1 \text{ se } M \text{ è non vuoto} \end{cases}$$

Il danno di nodo è pari alla somma del danno dovuto all'aumento delle perdite per effetto Joule e nel dielettrico, $[D_J]$, e di quello dovuto al decremento della durata di vita, $[D_L]$, di ciascun componente alimentato dal nodo.

Il danno di nodo dovuto all'aumento delle perdite per effetto Joule e nel dielettrico, $[D_J]$, è pari alla differenza tra il costo economico delle perdite per effetto Joule e nel dielettrico valutato in condizioni di regime distorto ed il costo economico delle perdite per effetto Joule e nel dielettrico valutato in condizioni di regime sinusoidale.

Il costo delle perdite per effetto Joule e nel dielettrico valutato in condizioni di regime distorto, in seguito indicato con C_J^d, ed il costo delle perdite per effetto Joule e nel dielettrico valutato, invece, in condizioni di regime sinusoidale, in seguito indicato con C_J^s, vanno valutati entrambi facendo riferimento alle relazioni che esprimono le perdite per effetto Joule e nel dielettrico di ogni componente, nel caso sinusoidale ed in quello distorto, e che sono state precedentemente ricavate.

Per il costo delle perdite per effetto Joule e nel dielettrico valutato in condizioni di regime sinusoidale, C_J^s, sussiste la relazione:

$$C_J^s = \sum_{n=1}^{n^s} \varphi_{wh}^{act}(n) \cdot \left[E_{Jl}^s(n) + E_{db}^s(n) + E_{Jm}^s(n) \right] \qquad (54)$$

dove:

$\varphi_{wh}^{act}(n)$ è il costo unitario dell'energia elettrica all'anno n attualizzato all'inizio del periodo di studio;

n^s è il numero di anni corrispondente al periodo di studio considerato;

$E_{Jl}^{s}(n)$ è l' energia dissipata per effetto Joule, nell'anno n-esimo, dall'insieme L delle lampade ad incandescenza alimentate dal nodo, in regime sinusoidale;

$E_{db}^{s}(n)$ è l' energia dissipata nel dielettrico, nell'anno n-esimo, dall'insieme B dei banchi di capacità derivati nel nodo, in regime sinusoidale;

$E_{Jm}^{s}(n)$ è l' energia dissipata per effetto Joule, nell'anno n-esimo, dall'insieme M dei motori elettrici alimentati dal nodo, in regime sinusoidale.

Se per ciascuna lampada si indica con $\tau_i^l(n)$ il numero di ore di funzionamento nell'anno n-esimo, applicando la relazione (12) si ha:

$$E_{Jl}^{s}(n) = \lambda \cdot \sum_{i=1}^{n} \frac{V^2}{R_i^l} \cdot \tau_i^l(n) \tag{55}$$

dove:

n è il numero di lampade alimentate dal nodo;

V è il valore efficace della tensione di nodo;

R_i^l è la resistenza del filamento della i-esima lampada alimentata dal nodo.

Nel caso del termine $E_{db}^{s}(n)$, invece, indicando con $\tau_i^b(n)$ il numero di ore di funzionamento nell'anno n-esimo dell'i-esimo banco di capacità derivato nel nodo e facendo riferimento alla relazione (19), si ha:

$$E_{db}^{s}(n) = \beta \cdot \sum_{i=1}^{p} \omega \cdot C_i \cdot tg\delta_i \cdot V^2 \cdot \tau_i^b(n) \tag{56}$$

dove

p è il numero dei banchi di capacità derivati nel nodo;

V è il valore efficace della tensione di nodo;

ω è la pulsazione alla fondamentale;

C_i è il valore della i-esima capacità derivata nel nodo;

$tg\delta_i$ è il fattore di perdita della capacità i-esima (viene supposto indipendente dalla frequenza).

Nel caso del termine $E_{Jm}^s(n)$, infine, indicando con $\tau_i^m(n)$ il numero di ore di funzionamento nell'anno n-esimo dell'i-esimo motore alimentato dal nodo e applicando la relazione (38), si ha:

$$E_{Jm}^s(n) = \gamma \cdot \sum_{i=1}^{m} \frac{R_i}{Z_i^2} \cdot V^2 \cdot \tau_i^m(n) \tag{57}$$

dove:

m è il numero di motori alimentati dal nodo;

R_i è la resistenza equivalente dell'i-esimo motore alimentato dal nodo;

Z_i è l'impedenza equivalente dell'i-esimo motore alimentato dal nodo;

V è il valore efficace della tensione di nodo.

Sostituendo, pertanto, le relazioni (55), (56) e (57) nella (54) si ottiene il costo C_J^s, in forma esplosa, come:

$$C_J^s = \sum_{n=1}^{n^s} \left\{ \varphi_{wh}^{act}(n) \cdot \left[\lambda \cdot \sum_{i=1}^{n} \frac{V^2}{R_i^1} \cdot \tau_i^1(n) + \right. \right.$$

$$\left. \left. + \beta \cdot \sum_{i=1}^{p} \omega \cdot C_i \cdot tg\delta_i \cdot \tau_i^b(n) \cdot V^2 + \gamma \cdot \sum_{i=1}^{m} \frac{R_i}{Z_i^2} \cdot V^2 \cdot \tau_i^m(n) \right] \right\} \tag{58}$$

Per il costo delle perdite per effetto Joule e nel dielettrico valutato in condizioni di regime distorto, C_J^d, invece, vale la relazione:

$$C_J^d = \sum_{n=1}^{n^s} \varphi_{wh}^{act}(n) \cdot \left[E_{Jl}^d(n) + E_{db}^d(n) + E_{Jm}^d(n) \right] \tag{59}$$

dove:

$E_{Jl}^d(n)$ è l'energia dissipata per effetto Joule, nell'anno n-esimo, dall'insieme L delle lampade ad incandescenza alimentate dal nodo, in regime distorto;

$E_{db}^d(n)$ è l'energia dissipata nel dielettrico, nell'anno n-esimo, dall'insieme B dei banchi di capacità derivati nel nodo, in regime distorto;

$E_{Jm}^d(n)$ è l' energia dissipata per effetto Joule, nell'anno n-esimo, dall'insieme M dei motori elettrici alimentati dal nodo, in regime distorto.

Nel caso del termine $E_{Jl}^d(n)$, applicando la relazione (13), si ha:

$$E_{Jl}^d(n) = \sum_{h=1}^{H} \left[\lambda \cdot \sum_{i=1}^{n} \frac{(V^h)^2}{R_i^l} \cdot \tau_i^l(n) \right] \tag{60}$$

dove, anche in questo caso, n è il numero delle lampade alimentate dal nodo, $\tau_i^l(n)$ il numero di ore di funzionamento nell'anno n-esimo, R_i^l la resistenza del filamento e:

V^h è il valore efficace dell'armonica di ordine h della tensione di nodo;

h è l' ordine armonico;

H è l' ordine armonico max.

Nel caso, invece, del termine $E_{db}^d(n)$, applicando la relazione (20) si ha:

$$E_{db}^d(n) = \sum_{h=1}^{H} \left[\beta \cdot \sum_{i=1}^{p} \omega \cdot h \cdot C_i \cdot tg\delta_i \cdot (V^h)^2 \cdot \tau_i^b(n) \right] \tag{61}$$

dove il significato di tutte le grandezze che compaiono nella (61) è già noto.

Nel caso, infine, del termine $E_{Jm}^d(n)$, applicando la relazione (39), si ha:

$$E_{Jm}^d(n) = \sum_{h=1}^{H}\left[\gamma \cdot \sum_{i=1}^{m} \frac{R_i^h}{Z_i^{h2}} \cdot \left(V^h\right)^2 \cdot \tau_i^m(n)\right] \tag{62}$$

dove:

R_i^h è la resistenza equivalente dell'i-esimo motore alimentato dal nodo alla frequenza corrispondente all'armonica di ordine h;

Z_i^h è l'impedenza equivalente dell'i-esimo motore alimentato dal nodo alla frequenza corrispondente all'armonica di ordine h;

mentre il significato delle altre grandezze che compaiono nella (62) è già noto.

Sostituendo le relazioni (60), (61) e (62) nella (59) si ottiene il costo C_J^d, in forma esplosa, come:

$$C_J^d = \sum_{n=1}^{n^s}\left\{\varphi_{wh}^{act}(n) \cdot \left[\sum_{h=1}^{H}\left[\lambda \cdot \sum_{i=1}^{n} \frac{\left(V^h\right)^2}{R_i^1} \cdot \tau_i^1(n) + \right.\right.\right.$$

$$+ \beta \cdot \sum_{i=1}^{p} \omega \cdot h \cdot C_i \cdot tg\delta_i \cdot \left(V^h\right)^2 \cdot \tau_i^b(n) + \tag{63}$$

$$\left.\left.\left.+ \gamma \cdot \sum_{i=1}^{m} \frac{R_i^h}{Z_i^{h2}} \cdot \left(V^h\right)^2 \cdot \tau_i^m(n)\right]\right]\right\}$$

La differenza tra il costo economico delle perdite per effetto Joule e nel dielettrico valutato in condizioni di regime distorto, C_J^d, espresso dalla (63), ed il costo economico delle perdite per effetto Joule e nel dielettrico valutato in condizioni di regime sinusoidale, C_J^s, espresso dalla (58), rappresenta il danno di nodo dovuto all'aumento delle perdite per effetto Joule e nel dielettrico, [D_J], ossia:

$$D_J = \sum_{n=1}^{n^s} \left\{ \varphi_{wh}^{act}(n) \cdot \left[\sum_{h=2}^{H} \left[\lambda \cdot \sum_{i=1}^{n} \frac{\left(V^h\right)^2}{R_i^1} \cdot \tau_i^1(n) + \right.\right.\right.$$

$$+ \beta \cdot \sum_{i=1}^{p} \omega \cdot h \cdot C_i \cdot tg\delta_i \cdot \left(V^h\right)^2 \cdot \tau_i^b(n) + \qquad\qquad (64)$$

$$\left.\left.\left. + \gamma \cdot \sum_{i=1}^{m} \frac{R_i^h}{Z_i^{h2}} \cdot \left(V^h\right)^2 \cdot \tau_i^m(n) \right]\right]\right\}$$

Quanto detto finora si riferisce soltanto ad una componente del danno di nodo, quella collegata per l'appunto alle perdite per effetto Joule e nel dielettrico.

L' altra componente del danno di nodo è quella relativa al decremento della durata di vita, D_L, dei componenti alimentati dal nodo. A tal proposito è necessario premettere alcune considerazioni.

Un componente del sistema elettrico - progettato per lavorare in condizioni di forma d' onda dell'alimentazione sinusoidale - che funzioni continuativamente sotto condizioni di distorsione tende a perdere le proprie caratteristiche elettromeccaniche più rapidamente rispetto allo stesso componente funzionante sotto condizioni di perfetta sinusoidalità.

Questo vuol dire che si rende necessaria la sostituzione del componente in anticipo rispetto a quella che è la sua durata di vita convenzionale in condizioni di funzionamento nominale. Ne deriva, ovviamente, per chi gestisce il sistema un danno economico importante.

Se infatti si considera un periodo di studio sufficientemente lungo, si vede come il numero dei componenti necessari per coprire l' intero periodo di studio aumenti quando il sistema funziona in regime distorto.

Nella valutazione del danno di nodo dovuto al decremento della durata di vita dei componenti che in quel nodo si alimentano, va computato, per l' appunto, il costo economico derivante al gestore del sistema, cui il nodo appartiene, dalla anticipata sostituzione di tali componenti. Tale costo va riferito al periodo di studio considerato.

Il danno di nodo per decremento della durata di vita dei componenti, D_L, pertanto, è dato dalla relazione:

$$D_L = \lambda \cdot \sum_{i=1}^{n} C_{l,i} + \beta \cdot \sum_{i=1}^{p} C_{b,i} + \gamma \cdot \sum_{i=1}^{m} C_{m,i} \qquad (65)$$

dove n, p e m sono, rispettivamente, il numero di lampade, di banchi di capacità e di motori derivati dal nodo e:

$C_{l,i}$ è pari, con riferimento alla lampada i-esima, alla differenza tra il costo del numero di lampade necessario per coprire l'intero periodo di studio in regime distorto ed il costo del numero di lampade necessario per coprire l' intero periodo di studio in regime sinusoidale;

$C_{b,i}$ è pari, con riferimento al banco di capacità i-esimo, alla differenza tra il costo del numero di banchi necessario per coprire l'intero periodo di studio in regime distorto ed il costo del numero di banchi necessario per coprire l'intero periodo di studio in regime sinusoidale;

$C_{m,i}$ è pari, con riferimento al motore i-esimo, alla differenza tra il costo del numero di motori necessario per coprire l'intero periodo di studio in regime distorto ed il costo del numero di motori necessario per coprire l' intero periodo di studio in regime sinusoidale.

Nel caso del termine $C_{l,i}$ vale la relazione:

$$C_{l,i} = \sum_{n=1}^{T_{l,i}^d} \varphi_{l,i}^{act} - \sum_{n=1}^{T_{l,i}^s} \varphi_{l,i}^{act} \qquad (66)$$

con:

$$T_{l,i}^d = ceil \left\{ \frac{n^s}{L_{l,i}^d} \right\} \quad e \quad T_{l,i}^s = ceil \left\{ \frac{n^s}{L_{l,i}^s} \right\}, dove \ il \ simbolo \ ceil\{\bullet\}$$

indica l'intero superiore.

$L_{l,i}^s$ è la durata di vita della lampada i-esima nel funzionamento in regime sinusoidale; dalla relazione (16) si ricava:

$$L_{l,i}^s = \frac{1}{V^{13}} \qquad (67)$$

$L_{l,i}^{d}$ è la durata di vita della lampada i-esima nel funzionamento in regime distorto che, con riferimento alla relazione (17), è esprimibile come:

$$L_{l,i}^{d} = \frac{1}{\left[V^{2} \cdot \left(1 + THD^{2} \right) \right]^{\frac{13}{2}}} \qquad (68)$$

$\varphi_{l,i}^{act}$ è il costo unitario della lampada i-esima attualizzato all'inizio del periodo di studio.

Nel caso del termine, $C_{b,i}$, invece, vale la relazione:

$$C_{b,i} = \sum_{n=1}^{T_{b,i}^{d}} \varphi_{b,i}^{act} - \sum_{n=1}^{T_{b,i}^{s}} \varphi_{b,i}^{act} \qquad (69)$$

con:

$$T_{b,i}^{d} = ceil\left\{ \frac{n^{s}}{L_{b,i}^{d}} \right\} \quad e \quad T_{b,i}^{s} = ceil\left\{ \frac{n^{s}}{L_{b,i}^{s}} \right\}.$$

$L_{b,i}^{s}$ è la durata di vita del banco di capacità i-esimo nel funzionamento in regime sinusoidale, espressa dalla relazione (25) qui riportata:

$$L_{b,i}^{s} = A_{b,i} \cdot e^{\frac{k_{b,i}}{T_{b,i}^{s}}} \qquad (70)$$

dove:

$A_{b,i}, K_{b,i}$ sono delle costanti dipendenti dal materiale;

$T_{b,i}^{s}$ è la temperatura raggiunta dal punto più caldo in condizioni di regime sinusoidale;

$L_{b,i}^{d}$ è la durata di vita del banco di capacità i-esimo nel funzionamento in regime distorto, espressa dalla relazione (26) qui riportata:

$$L_{b,i}^{d} = A_{b,i} \cdot e^{\frac{k_{b,i}}{T_{b,i}^{s} + \Delta T_{b,i}}} \qquad (71)$$

dove:

$\Delta T_{b,i}$ è l'aumento di temperatura che si ha nel funzionamento in regime distorto, ricavabile mediante la relazione (29).

$\varphi_{b,i}^{act}$ è il costo unitario del banco di capacità i-esimo attualizzato all'inizio del periodo di studio.

Nel caso del termine, $C_{m,i}$, infine, vale la relazione:

$$C_{m,i} = \sum_{n=1}^{T_{m,i}^d} \varphi_{m,i}^{act} - \sum_{n=1}^{T_{m,i}^s} \varphi_{m,i}^{act} \tag{72}$$

con:

$$T_{m,i}^d = ceil\left\{\frac{n^s}{L_{m,i}^d}\right\} \quad e \quad T_{m,i}^s = ceil\left\{\frac{n^s}{L_{m,i}^s}\right\}.$$

$L_{m,i}^s$ è la durata di vita del motore i-esimo nel funzionamento in regime sinusoidale, espressa dalla relazione (44) qui riportata:

$$L_{m,i}^s = A_{m,i} \cdot e^{\frac{k_{m,i}}{T_{m,i}^s}} \tag{73}$$

dove:

$A_{m,i}, K_{m,i}$ sono delle costanti dipendenti dal materiale;

$T_{m,i}^s$ è la temperatura raggiunta dal punto più caldo in condizioni di regime sinusoidale;

$L_{m,i}^d$ è la durata di vita del motore i-esimo nel funzionamento in regime distorto, espressa dalla relazione (45) qui riportata:

$$L_{m,i}^d = A_{m,i} \cdot e^{\frac{K_{m,i}}{T_{m,i}^s + \Delta T_{m,i}}} \tag{74}$$

dove:

$\Delta T_{m,i}$ è l'aumento di temperatura che si ha nel funzionamento in regime distorto, ricavabile dalla relazione (46).

$\varphi_{m,i}^{act}$ è il costo unitario del motore i-esimo attualizzato all'inizio del periodo di studio.

Sostituendo le relazioni (66), (69) e (72) nella relazione (65) si ottiene il danno di nodo per decremento della durata di vita dei componenti, D_L, in forma esplosa, come:

$$D_L = \lambda \cdot \sum_{i=1}^{n} \left\{ \sum_{n=1}^{T_{l,i}^d} \varphi_{l,i}^{act} - \sum_{n=1}^{T_{l,i}^s} \varphi_{l,i}^{act} \right\} +$$

$$+ \beta \cdot \sum_{i=1}^{p} \left\{ \sum_{n=1}^{T_{b,i}^d} \varphi_{b,i}^{act} - \sum_{n=1}^{T_{b,i}^s} \varphi_{b,i}^{act} \right\} + \qquad (75)$$

$$+ \gamma \cdot \sum_{i=1}^{m} \left\{ \sum_{n=1}^{T_{m,i}^d} \varphi_{m,i}^{act} - \sum_{n=1}^{T_{m,i}^s} \varphi_{m,i}^{act} \right\}$$

9.2 DANNO DI LINEA

Il danno di linea è pari alla somma di due contributi dovuti, rispettivamente, all'aumento delle perdite per effetto Joule, $[D_{J,l}]$, e al decremento della durata di vita, $[D_{L,l}]$, di ciascun componente di linea.

Il danno di linea dovuto all'aumento delle perdite per effetto Joule , $[D_{J,l}]$, è pari alla differenza tra il costo economico delle perdite per effetto Joule valutato in condizioni di regime distorto ed il costo economico delle perdite per effetto Joule valutato, invece, in condizioni di regime sinusoidale.

Il costo delle perdite per effetto Joule valutato in condizioni di regime distorto, in seguito indicato con $C_{J,l}^d$, ed il costo delle perdite per effetto Joule valutato, invece, in condizioni di regime sinusoidale, in seguito indicato con $C_{J,l}^s$, vanno valutati entrambi facendo riferimento alle relazioni che esprimono le perdite per effetto Joule di ogni componente di linea, nel caso sinusoidale ed in quello distorto, e che sono state precedentemente ricavate.

Per il costo delle perdite per effetto Joule valutato in condizioni di regime sinusoidale, $C_{J,l}^s$, sussiste la relazione:

$$C_{J,l}^s = \sum_{n=1}^{n^s} \varphi_{wh}^{act}(n) \cdot \left[E_{Jc}^s(n) + E_{Jt}^s(n) \right] \tag{76}$$

dove:

$\varphi_{wh}^{act}(n)$ è il costo unitario dell'energia elettrica all'anno n attualizzato all'inizio del periodo di studio;

n^s è il numero di anni corrispondente al periodo di studio considerato;

$E_{Jc}^s(n)$ è l' energia dissipata per effetto Joule, nell'anno n-esimo, nel cavo di linea in regime sinusoidale;

$E_{Jt}^s(n)$ è l' energia dissipata per effetto Joule, nell'anno n-esimo, dal trasformatore presente in linea in regime sinusoidale;

Se si indica con $\tau(n)$ il numero di ore di funzionamento della linea nell'anno n-esimo, applicando la relazione (2), si ha:

$$E_{Jc}^s(n) = R_c \cdot I^2 \cdot l \cdot \tau(n) \tag{77}$$

dove:

l è la lunghezza della linea;

I è il valore efficace della corrente di linea;

R_c è la resistenza, per unità di lunghezza, del cavo di linea alla fondamentale di frequenza.

Nel caso del termine $E_{Jt}^s(n)$, invece, facendo riferimento alla relazione (30), si ha:

$$E_{Jt}^s = R_t \cdot I^2 \cdot \tau(n) \tag{78}$$

dove:

R_t è la resistenza equivalente del trasformatore presente in linea alla fondamentale di frequenza.

Sostituendo le relazioni (77) e (78) nella relazione (76) si ottiene il costo delle perdite per effetto Joule valutato in condizioni di regime sinusoidale, $C_{J,1}^s$, in forma esplosa, come:

$$C_{J,1}^s = \sum_{n=1}^{n^s} \varphi_{wh}^{act}(n) \cdot I^2 \cdot \tau(n) \cdot \{R_c \cdot 1 \cdot + R_t\} \qquad (79)$$

Per il costo delle perdite per effetto Joule valutato in condizioni di regime distorto, $C_{J,1}^d$, invece, sussiste la relazione:

$$C_{j,1}^d = \sum_{n=1}^{n^s} \varphi_{wh}^{act}(n) \cdot \left[E_{Jc}^d(n) + E_{Jt}^d(n)\right] \qquad (80)$$

dove:

$E_{Jc}^d(n)$ è l'energia dissipata per effetto Joule, nell'anno n-esimo, nel cavo di linea in regime distorto;

$E_{Jt}^d(n)$ è l'energia dissipata per effetto Joule, nell'anno n-esimo, dal trasformatore presente in linea in regime distorto.

Nel caso del termine $E_{Jc}^d(n)$, applicando la relazione (3), si ha:

$$E_{Jc}^d(n) = \sum_{h=1}^{H} R_c^h \cdot \left(I^h\right)^2 \cdot 1 \cdot \tau(n) \qquad (81)$$

dove le quantità I, e $\tau(n)$ mantegono gli stessi significati assunti nel caso sinusoidale mentre:

h è l' ordine armonico;

H è l' ordine armonico max.;

R_c^h è la resistenza, per unità di lunghezza, del cavo di linea alla frequenza corrispondente all'armonica di ordine h;

I^h è il valore efficace dell'armonica di ordine h della corrente di linea.

Nel caso del termine $E_{Jt}^d(n)$, invece, applicando la relazione (31), si ha:

$$E_{Jt}^d(n) = \sum_{h=1}^{H} R_t^h \cdot (I^h)^2 \cdot \tau(n) \qquad (82)$$

dove:

R_t^h è la resistenza equivalente del trasformatore presente in linea alla frequenza corrispondente all'armonica di ordine h.

Sostituendo le relazioni (81) e (82) nella relazione (80) si ottiene il costo delle perdite per effetto Joule valutato in condizioni di regime distorto, $C_{J,l}^d$, in forma esplosa, come:

$$C_{J,l}^d = \sum_{n=1}^{n^s} \left\{ \varphi_{wh}^{act}(n) \cdot \left[\sum_{h=1}^{H} \left(R_c^h \cdot 1 + R_t^h \right) \cdot (I^h)^2 \right] \tau(n) \right\} \qquad (83)$$

La differenza tra il costo economico delle perdite per effetto Joule valutato in condizioni di regime distorto, $C_{J,l}^d$, espresso dalla (83), ed il costo economico delle perdite per effetto Joule valutato in condizioni di regime sinusoidale, $C_{J,l}^s$, espresso dalla (79), rappresenta il danno di linea dovuto all'aumento delle perdite per effetto Joule, $[D_{J,l}]$, ossia:

$$D_{J,l} = \sum_{n=1}^{n^s} \left\{ \varphi_{wh}^{act}(n) \cdot \left[\sum_{h=2}^{H} \left(R_c^h \cdot 1 + R_t^h \right) \cdot (I^h)^2 \right] \tau(n) \right\} \qquad (84)$$

L' altra aliquota del danno di linea è quella relativa al decremento della durata di vita dei componenti, $D_{L,l}$. A tal proposito, si può affermare che, nella valutazione del danno di linea, va computato il costo economico derivante al gestore del sistema, cui la linea appartiene, dalla anticipata sostituzione dei componenti e riferito al periodo di studio considerato.

Il danno di linea dovuto al decremento della durata di vita dei suoi componenti, $D_{L,l}$, pertanto, è dato dalla relazione:

$$D_{L,l} = C_c + C_t \qquad (85)$$

dove:

C_c è pari alla differenza tra il costo del numero di cavi necessario per coprire l'intero periodo di studio in regime distorto ed il costo del numero di cavi necessario per coprire l'intero periodo di studio in regime sinusoidale;

C_t è pari alla differenza tra il costo del numero di trasformatori necessario per coprire l'intero periodo di studio in regime distorto ed il costo del numero di trasformatori necessario per coprire l'intero periodo di studio in regime sinusoidale.

Nel caso del termine C_c, vale la relazione:

$$C_c = \sum_{n=1}^{T_c^d} \varphi_c^{act} - \sum_{n=1}^{T_c^s} \varphi_c^{act} \qquad (86)$$

dove n^s mantiene il medesimo significato delle relazioni precedenti e:

$$T_c^d = \text{ceil}\left\{\frac{n^s}{L_c^d}\right\} \quad e \quad T_c^s = \text{ceil}\left\{\frac{n^s}{L_c^s}\right\}.$$

L_c^s è la durata di vita del cavo di linea nel funzionamento in regime sinusoidale, espressa dalla relazione:

$$L_c^s = A_c \cdot e^{\frac{K_c}{T_c^s}} \qquad (87)$$

dove:

A_c, K_c sono delle costanti dipendenti dal materiale isolante impiegato;

T_c^s è la temperatura raggiunta dal punto più caldo in condizioni di regime sinusoidale;

L_c^d è la durata di vita del cavo di linea nel funzionamento in condizioni di regime distorto, espressa dalla relazione:

$$L_c^d = A_c \cdot e^{\frac{K_c}{T_c^s + \Delta T_c}} \tag{88}$$

dove:

ΔT_c è l'aumento di temperatura che si ha nel funzionamento in regime distorto, ricavabile dalle relazioni (9) e (10).

φ_c^{act} è il costo unitario del cavo di linea attualizzato all'inizio del periodo di studio.

Nel caso del termine, C_t, invece, vale la relazione:

$$C_{t,i} = \sum_{n=1}^{T_t^d} \varphi_t^{act} - \sum_{n=1}^{T_t^s} \varphi_t^{act} \tag{89}$$

dove n^s mantiene il medesimo significato delle relazioni precedenti e:

$$T_t^d = \text{ceil}\left\{\frac{n^s}{L_t^d}\right\} \quad e \quad T_t^s = \text{ceil}\left\{\frac{n^s}{L_t^s}\right\}.$$

L_t^s è la durata di vita del trasformatore di linea nel funzionamento in regime sinusoidale, espressa dalla relazione (34) qui riportata:

$$L_t^s = A_t \cdot e^{\frac{K_t}{T_t^s}} \tag{90}$$

dove:

A_t, K_t sono delle costanti dipendenti dal materiale isolante impiegato;

T_t^s è la temperatura raggiunta dal punto più caldo in condizioni di regime sinusoidale;

L_t^d è la durata di vita del trasformatore di linea nel funzionamento in regime distorto, espressa dalla relazione:

$$L_t^d = A_t \cdot e^{\frac{K_t}{T_t^s + \Delta T_t}} \tag{91}$$

dove:

ΔT_t è l'aumento di temperatura che si ha nel funzionamento in regime distorto, ricavabile mediante la relazione (36).

φ_t^{act} è il costo unitario del trasformatore attualizzato all'inizio del periodo di studio.

Sostituendo le relazioni (86) e (89) nella relazione (85) si ottiene, infine, il danno di linea dovuto al decremento della durata di vita dei suoi componenti, $D_{L,l}$, in forma esplosa, come:

$$D_{L,l} = \sum_{n=1}^{T_c^d} \varphi_c^{act} - \sum_{n=1}^{T_c^s} \varphi_c^{act} + \sum_{n=1}^{T_t^d} \varphi_t^{act} - \sum_{n=1}^{T_t^s} \varphi_t^{act} \tag{92}$$

Appunti ed osservazioni

10

VALUTAZIONE DEL DANNO ECONOMICO

CON UN APPROCCIO PROBABILISTICO

Nel capitolo precedente la valutazione delle armoniche di corrente e di tensione viene effettuata mediante un approccio di tipo deterministico, il quale assume che tutti i dati di ingresso del problema siano noti con certezza.

Nei casi reali, però, i dati di ingresso hanno natura aleatoria e, quindi, si rende necessario applicare tecniche probabilistiche di analisi.

Si passa, così, da un danno economico deterministico ad un danno economico probabilistico.

10.1 COSTI DI ESERCIZIO

I costi di esercizio dovuti alle perdite armoniche possono essere quantificati mediante il danno Dw, definito come il costo delle perdite addizionali di energia causate dal flusso armonico nei componenti; qui il termine "addizionale" sta ad indicare che queste perdite vanno ad aggiungersi a quelle alla fondamentale.

Per maggior chiarezza, si fa inizialmente riferimento al caso di un singolo componente del sistema elettrico continuativamente sottoposto ad una sola armonica di tensione o di corrente G^h nell'intervallo di tempo Δt. Si ha:

$$Dw = Dw(G^h) = K_w \cdot P(G^h) \cdot \Delta t , \tag{93}$$

dove:

K_w è il costo unitario dell'energia elettrica;

$P(G^h)$ sono le perdite dovute alle armoniche G^h.

Il danno Dw, definito nella (93), è una quantità statistica giacché la grandezza armonica G^h (tensione o corrente), dalla quale P dipende, è di natura aleatoria.

Assumendo che l'aleatorietà di G^h sia data dalla sua funzione densità di probabilità f_{G^h} - per lo studio di tali funzioni si rimanda al capitolo successivo -, è possibile valutare E(Dw), valore atteso di Dw, come segue:

$$E(Dw) = \int_0^\infty Dw(G^h) \cdot f_{G^h} dG^h. \tag{94}$$

Se il componente è soggetto ad hmax armoniche, ne risulta:

$$Dw = Dw(G^{h1},...,G^{hmax}) = K_w \cdot P(G^{h1},...,G^{hmax}) \cdot \Delta t \tag{95}$$

e:

$$E(Dw) = \int_0^\infty \int_0^\infty ... \int_0^\infty Dw(G^{h1},...,G^{hmax}) \cdot f_{G^{h1},...,G^{hmax}} d_{G^{h1},...,G^{hmax}} \tag{96}$$

dove:

$G^{h1},...,G^{hmax}$ sono le armoniche di tensione o di corrente;

$f_{G^{h1},...,G^{hmax}}$ è la funzione di probabilità congiunta di $G^{h1},...,G^{hmax}$.

Per i componenti più comuni di un sistema elettrico industriale, le perdite armoniche P nella (95) possono essere ottenute addizionando le perdite dovute a ciascuna armonica, cosicché l' integrale nella (96) può essere notevolmente semplificato.

Infatti, le perdite armoniche P_t per i trasformatori possono essere calcolate dalla (31) come:

$$P_t = 3 \cdot \sum_{h=1}^{H} R_{eqh} \cdot I_h^2 \tag{97}$$

dove:

H = ordine armonico max.;

I_h è la corrente armonica di ordine h;

R_{eqh} è la resistenza equivalente del trasformatore all'armonica di ordine h.

Le perdite armoniche P_M per i motori ad induzione possono essere calcolate dalla (39) come:

$$P_M = 3 \cdot \sum_{h=1}^{H} \left(\frac{V_h}{Z_{eqh}} \right)^2 \cdot R_{eqh}, \qquad (98)$$

dove:

V_h è l' armonica di tensione di ordine h;

R_{eqh} è la resistenza equivalente del motore all'armonica di ordine h;

Z_{eqh} è l'impedenza equivalente del motore all'armonica di ordine h.

Le perdite armoniche P_C per i condensatori possono essere calcolate dalla (20) come:

$$P_C = 3 \cdot \omega \cdot C \cdot \sum_{h=1}^{H} h \cdot (V_h)^2 \cdot tg\delta_h, \qquad (99)$$

dove:

ω è la frequenza angolare del sistema;

C è la capacità;

$tg\delta_h$ è il fattore di perdita all'armonica di ordine h.

Le perdite armoniche P_{Ca} per i cavi a tre conduttori possono essere calcolate dalla (3) come:

$$P_{Ca} = 3 \cdot \sum_{h=1}^{H} (I_h)^2 \cdot R_h \qquad (100)$$

dove:

R_h è la resistenza in a.c. di un conduttore del cavo.

Utilizzando le relazioni precedenti, il valore atteso del danno per un singolo componente (trasformatore, motore ad induzione e così via) può essere semplificato come:

$$E(Dw) = \sum_{h=1}^{H} \int_{0}^{\infty} Dw(G^h) \cdot f_{G^h} dG^h. \tag{101}$$

Per m_j componenti funzionanti nello stesso periodo di tempo Δt_j, è possibile calcolare il danno totale come la somma dei danni di ciascun componente:

$$E(Dw)_j = \sum_{i=1}^{m_j} E(Dw)_{i,j} \tag{102}$$

Con riferimento a tutte le c_n combinazioni dei componenti che si susseguono nell'anno n, il valore atteso del danno totale è:

$$E(Dw)_n = \sum_{j=1}^{c_n} E(Dw)_j = \sum_{j=1}^{c_n} \sum_{i=1}^{m_j} E(Dw)_{i,j} =$$

$$= \sum_{j=1}^{c_n} \sum_{i=1}^{m_j} \sum_{h=1}^{H} \int_{0}^{\infty} Dw(G_{i,j}^h) \cdot f_{G_{i,j}^h} dG_{i,j}^h \tag{103}$$

dove $G_{i,j}^h$ è l' armonica di ordine h applicata all'i-esimo componente nella j-esima combinazione.

Può essere utile valutare il danno totale di un sistema elettrico con riferimento a più anni, ossia alla vita del sistema; per far questo è necessario attualizzare il danno (103) che si ha in ciascun anno di vita: A tal riguardo, sono applicabili differenti formule di attualizzazione.

10.2 COSTI DELL'INVECCHIAMENTO

Il flusso armonico può produrre un eccessivo riscaldamento in ogni componente e ciò può portare ad un conseguente aumento di temperatura e ad un prematuro invecchiamento.

La sostituzione del componente in anticipo rispetto alla sua durata di vita convenzionale in condizioni di funzionamento nominale comporta costi fissi addizionali.

Si usa definire questi costi addizionali come costi dell'invecchiamento Da dovuti alle perdite armoniche; si ha:

$$Da = K_d - K_s \qquad (104)$$

dove nella (104) K_s e K_d sono i costi fissi totali per l'acquisto del componente durante la vita del sistema n^s in condizioni di funzionamento, rispettivamente, sinusoidali e non sinusoidali.

Il valore di K_s è dato dalla relazione:

$$K_s = \sum_{j=1}^{v_s} K_{s,j}^{act}, \qquad (105)$$

dove $K_{s,j}^{act}$ è il valore attualizzato del j-esimo costo del componente; v_s rappresenta il numero di volte che il componente è stato acquistato in condizioni di funzionamento sinusoidali, espresso dalla relazione:

$$v_s = \text{ceil}\left(\frac{n^s}{L^s}\right) \qquad (106)$$

Il valore di K_d può essere ottenuto come:

$$K_d = \sum_{j=1}^{v_d} K_{d,j}^{act}, \qquad (107)$$

dove v_d, numero di volte che il componente è stato acquistato in condizioni di funzionamento non sinusoidali, è dato da:

$$v_d = \text{ceil}\left(\frac{n^s}{L^d}\right) \tag{108}$$

Per ogni componente fornito di isolamento le durate della vita utile L^s e L^d sono legate al degrado del materiale isolante. Il degrado termico può essere rappresentato mediante l'equazione di Arrhenius riportata nel Capitolo 7, cosicché le espressioni della durata della vita utile nelle condizioni di funzionamento sinusoidale e non sinusoidale sono:

$$L^s = A \cdot e^{\left\{\frac{E}{K \cdot T^s}\right\}}, L^d = A \cdot e^{\left\{\frac{E}{K \cdot T^d}\right\}}; \tag{109}$$

dove:

A,E sono costanti dipendenti dal materiale isolante;

K è la costante di Boltzman;

T^s è la temperatura del componente in condizioni sinusoidali;

T^d è la temperatura del componente in condizioni non sinusoidali.

Le espressioni (109), per ciascun componente, sono state riportate nella Parte I del volume.

Riassumendo, in ordine alla valutazione dei costi dell'invecchiamento di ciascun componente Da, vanno fatti i seguenti passi: per assegnate condizioni di funzionamento sinusoidale e non sinusoidale, vanno valutati i valori di L^s e L^d mediante le relazioni (109).

In pratica, il valore di K_s è spesso assegnato a priori, cosicché il costo dell'invecchiamento Da dipende soltanto dal valore di K_d, il quale, a sua volta, è strettamente legato al valore di L^d.

La durata della vita utile L^d, definita dalle equazioni (109), è una quantità statistica giacché le armoniche di corrente e di tensione, dalle quali dipende, sono, come detto in precedenza, di natura aleatoria. Allora, procedendo come fatto in precedenza, è possibile valutare E(L^d), valore atteso della durata della vita utile in condizioni di funzionamento non sinusoidali, per i componenti forniti di isolamento.

Il costo totale dell'invecchiamento dovuto alle perdite armoniche di tutti gli N componenti di un sistema elettrico industriale é fornito, quindi, dalla relazione:

$$E(Da) = \sum_{i=1}^{N} E(Da)_i. \tag{110}$$

Si noti che, se la taglia del componente è scelta tenendo conto della presenza di armoniche, il costo addizionale che deriva dalla necessità di sovradimensionare il componente deve essere incluso in K_{ns}.

Appunti ed osservazioni

METODI PROBABILISTICI PER LA VALUTAZIONE DELLE ARMONICHE DI TENSIONE E DI CORRENTE NEI SISTEMI ELETTRICI

Appunti ed osservazioni

11

SOMMARIO DELLA PARTE III

Nel precedente capitolo II si è visto come, ai fini della valutazione del valore atteso del danno in un sistema elettrico industriale, sia necessario conoscere le funzioni densità di probabilità delle grandezze armoniche tensione e corrente.

A tal fine, nel presente capitolo, vengono proposte quelle tecniche di analisi che, trattando in modo probabilistico il problema dell'inquinamento armonico, consentono di valutare statisticamente le armoniche di tensione e di corrente nei nodi di rete.

La maggior parte di tali tecniche focalizza la propria attenzione sul caso in cui le grandezze di interesse sono le armoniche di corrente immesse da uno o più carichi non lineari in un nodo della rete elettrica; solo alcune, invece, affrontano il problema della modellazione probabilistica delle armoniche di tensione nei nodi della stessa.

Appunti ed osservazioni

12

ARMONICHE DI CORRENTE IMMESSE

NEI NODI DI UNA RETE ELETTRICA

Il problema della modellazione probabilistica delle armoniche di corrente immesse nei nodi di una rete dai carichi non lineari può porsi con riferimento sia al caso di un solo carico che al caso di più carichi presenti in ciascun nodo. Tali casi vengono analizzati nel seguito, facendo riferimento ad alcuni dei più importanti approcci sinora apparsi in letteratura.

12.1 CASO DI UN SOLO CARICO NON LINEARE PRESENTE IN UN NODO

Il vettore $\overline{I}_k^h$ dell'armonica di corrente di ordine h, iniettata nel nodo k di una rete da un carico non lineare, può essere rappresentato, come ben noto, nella forma:

$$\overline{I}_k^h = X_k^h + jY_k^h \tag{111}$$

o come:

$$\overline{I}_k^h = I_k^h \cdot e^{j\Phi_k^h}; \tag{112}$$

valgono poi le relazioni di trasformazione:

$$\begin{aligned} X_k^h &= I_k^h \cdot \cos\Phi_k^h \\ Y_k^h &= I_k^h \cdot \sin\Phi_k^h \end{aligned} \tag{113}$$

o:

$$I_k^h = \sqrt{\left(X_k^h\right)^2 + \left(Y_k^h\right)^2}$$

$$\Phi_k^h = \arctan\left(Y_k^h / X_k^h\right)$$

(114)

Qualunque sia la rappresentazione adottata, la caratterizzazione statistica del vettore $\overline{I}_k^h$ deve essere effettuata con riferimento ad una coppia di variabili aleatorie reali. Ciascuna delle possibili coppie rimane completamente caratterizzata dalla sua funzione densità di probabilità congiunta (dpc):

f_{xy} nel caso della rappresentazione (111),

$f_{I\Phi}$ nel caso della rappresentazione (112),

con:

$$f_{xy} = \frac{\partial^2 F(x,y)}{\partial x \partial y}$$

$$F_{xy}(x,y) = P\{X \le x, Y \le y\};$$

(115)

analogamente per $f_{I\Phi}$. Nota la f_{xy} è possibile ottenere la $f_{I\Phi}$ e viceversa, con le trasformazioni riportate in [27].

Come ben noto, si possono, poi, definire anche le funzioni densità di probabilità marginale (dpm) f_x e f_y o f_I e f_Φ, il cui legame con le suddette dpc è dato da:

$$\int_{-\infty}^{\infty} f_{xy}(x,y)\,dy$$

(116)

per f_x e da relazioni analoghe per le altre dpm.

Si noti che le dpm di ciascuna coppia di variabili aleatorie non consentono, in generale, una rappresentazione statistica completa. Solo in presenza di condizioni particolari, dalle dpm è infatti possibile ricostruire le dpc; in particolare, se e solo se X e Y sono statisticamente indipendenti risulta:

$$f_{xy} = f_x \cdot f_y$$

(117)

Si ritiene necessario sottolineare che, a stretto rigore, l'ipotesi di indipendenza statistica fra X e Y o fra I e Φ è assai difficilmente verificata. Si pensi, a titolo esemplificativo, al caso di un ponte totalmente controllato che alimenta un carico puramente resistivo: l'aleatorietà delle armoniche di corrente generate è connessa, tra l'altro, alla aleatorietà dei valori della resistenza R del carico alimentato e dell'angolo α di controllo. Se si considerano, allora, con riferimento alla generica armonica di ordine h, le classiche relazioni di legame:

$$X = X(\alpha, R)$$
$$Y = Y(\alpha, R)$$

riportate in letteratura, è immediato rendersi conto di come le variabili aleatorie X e Y siano tra loro statisticamente dipendenti, poiché i valori assunti da ciascuna di loro dipendono da α e R.

Da quanto detto in precedenza risulta che, nel caso più generale, la caratterizzazione statistica completa di un carico non lineare deve essere effettuata determinando H_{Max} dpc, una per ogni armonica di interesse, assumendo di fatto l'indipendenza statistica tra le H_{Max} armoniche di interesse.

Qualunque sia il carico non lineare da caratterizzare statisticamente, si pone, comunque, il problema del reperimento dei dati necessari per costruire le dpc o le dpm.

Se il sistema in studio è già esistente o esistono sistemi analoghi ad esso è possibile reperire i dati direttamente dall'osservazione della realtà fisica. Si può procedere in questo alla costruzione diretta delle densità di probabilità delle variabili aleatorie X e Y o I e Φ, attraverso l'elaborazione dei risultati di opportune campagne di misura; i problemi da affrontare sono connessi alla onerosità dei rilievi nonché alla necessità della corretta definizione delle condizioni di osservazione, e ciò al fine di ottenere dati che siano sufficientemente significativi.

Quando non è possibile o non è conveniente l'approccio sperimentale anzidetto, l'alternativa da seguire può essere quella di ricavare, con tecniche analitiche o numeriche, le distribuzioni di probabilità delle variabili aleatorie X e Y o I e Φ a partire dalla conoscenza delle distribuzioni di probabilità delle variabili aleatorie $\alpha_1, \alpha_2, ..., \alpha_n$ da cui esse dipendono. Queste ultime corrispondono tipicamente alle grandezze che determinano di fatto le condizioni di funzionamento del carico non lineare in esame (angoli di accensione, potenze erogate, parametri circuitali, etc.).

Se si fa riferimento, allora, per comodità, alla sola rappresentazione cartesiana e si assumono note le funzioni legame:

$$X = g_1(\alpha_1, \alpha_2, ..., \alpha_n)$$
$$Y = g_2(\alpha_1, \alpha_2, ..., \alpha_n)$$

(118)

e le dpc $f_{\alpha_1...\alpha_n}$, si ha che se il sistema costituito dalle (118) e dalle identità $\alpha_3 = \alpha_3^X ... \alpha_n = \alpha_n^X$ ammette una soluzione $\alpha_1^X, \alpha_2^X ... \alpha_n^X$ reale ed unica risulta:

$$f_{xy} = \int_{-\infty}^{\infty} ... \int_{-\infty}^{\infty} f_{xy\alpha_3...\alpha_n} d\alpha_3 ... d\alpha_n$$

(119)

con:

$$f_{xy\alpha_3...\alpha_n} = \frac{f_{\alpha_1...\alpha_n}}{|J(\alpha_1, \alpha_2, ..., \alpha_n)|}$$

(120)

e:

$$J(\alpha_1, \alpha_2, ..., \alpha_n) = \begin{vmatrix} \dfrac{\partial g_1}{\partial \alpha_1} & \dfrac{\partial g_1}{\partial \alpha_2} & ... ... & \dfrac{\partial g_1}{\partial \alpha_n} \\ \dfrac{\partial g_1}{\partial \alpha_1} & \dfrac{\partial g_1}{\partial \alpha_2} & ... ... & \dfrac{\partial g_1}{\partial \alpha_n} \\ 0 & 0 & 1 ... ... & 0 \\ 0 & 0 & 0 \ 1 ... & 0 \\ .... & ... & ... ... & ... \\ 0 & ... & ... ... & 0 \end{vmatrix}$$

(121)

Se il sistema anzidetto non ammette soluzioni reali, si ha $f_{xy} = 0$, se ammette più soluzioni reali occorre sostituire il secondo membro della (120) con la sommatoria di più termini $\dfrac{f_{\alpha_1 \ldots \alpha_n}}{\left| J(\alpha_1, \alpha_2, \ldots, \alpha_n) \right|}$, ciascuno corrispondente ad una delle soluzioni.

Si rimanda, comunque, alla letteratura specializzata per una analisi più approfondita delle condizioni che devono essere verificate per l' applicabilità delle (119), (120) e (121) mentre si ritiene utile soffermare in questa sede l'attenzione sul caso, di particolare interesse, in cui esiste un'unica variabile aleatoria indipendente α e si è interessati alle sole dpm f_x e f_y. In questo caso, se si assume che le funzioni g_1 e g_2 siano, almeno a tratti, strettamente monotone, si ha, particolarizzando la (118) e la (119), (120) e (121) e utilizzando le funzioni inverse g_1^{-1} e g_2^{-1}:

$$
\begin{aligned}
f_x(x) &= f_\alpha \cdot \left\{ g_1^{-1}(x) \right\} \cdot \left| \frac{d}{dx} g_1^{-1}(x) \right| \\
f_y(y) &= f_\alpha \cdot \left\{ g_2^{-1}(y) \right\} \cdot \left| \frac{d}{dy} g_2^{-1}(y) \right|
\end{aligned}
\tag{122}
$$

L' approccio sin qui descritto è di tipo analitico; qualora i legami g_1 e g_2 delle (118) non siano esprimibili analiticamente in forma chiusa o siano costituiti da funzioni che non presentano le caratteristiche di regolarità richieste per l'applicabilità delle (119), (120) e (121) o delle (122), esso, di fatto, non è utilizzabile. In alternativa si può, ovviamente, procedere numericamente applicando la ben nota tecnica di simulazione tipo Monte Carlo che consente, tra l'altro, di impiegare anche modelli complessi per descrivere, per ogni determinazione delle variabili aleatorie indipendenti, il comportamento degli apparati da simulare.

12.2 Caso di più carichi non lineari presenti in uno stesso nodo

Se in un nodo di una rete sono presenti N carichi distorcenti, il problema da affrontare è quello di caratterizzarne statisticamente l' impatto cumulato, ovvero di effettuare, per ogni armonica, la somma degli N vettori aleatori rappresentativi, ciascuno, di una delle sorgenti di armoniche.

Con riferimento alla rappresentazione in coordinate cartesiane, se

$$\overline{I}^h_{k,i} = X^h_{k,i} + jY^h_{k,i} \qquad (123)$$

è il vettore dell'armonica di corrente di ordine h immessa nel nodo k dalla i-esima sorgente, il problema da risolvere è quello di caratterizzare statisticamente il vettore risultante:

$$\overline{I}^h_k = \sum_{i=1}^N X^h_{k,i} + j\sum_{i=1}^N Y^h_{k,i} = S^h_k + jW^h_k \qquad (124)$$

ovvero di determinare, nel caso più generale, la dpc $f_{S^h_k W^h_k}$.

12.2.1 Metodo di Baghzouz et alii

Il metodo [19] assume, per ciascuna armonica, l'indipendenza statistica dei vettori da sommare in (124) rispetto ai rimanenti. E' possibile, allora, procedere al calcolo delle dpm delle somme S_k e W_k effettuando, rispettivamente, il prodotto di convoluzione delle dpm delle variabili aleatorie $X_{k,i}$ e $Y_{k,i}$:

$$f_{S_k} = f_{X_{k,1}} \cdot f_{X_{k,2}} \cdot ... f_{X_{k,N}}$$
$$f_{W_k} = f_{Y_{k,1}} \cdot f_{Y_{k,2}} \cdot ... f_{Y_{k,N}} \qquad (125)$$

Viene, poi, proposto dagli autori di calcolare la dpm della variabile aleatoria $I_k = \sqrt{(S_k)^2 + (W_k)^2}$, per l'interesse pratico che essa riveste, con la seguente procedura:

i)   si calcolano le dpm di $(S_k)^2$ e di $(W_k)^2$ come:

$$f_{Z_k} = \frac{1}{2 \cdot \sqrt{Z_k}} \cdot \left[f_{G_k}\left(\sqrt{Z_k}\right) + f_{G_k}\left(-\sqrt{Z_k}\right) \right] \qquad (126)$$

con:

$$Z_k = \begin{cases} (S_k)^2 \\ (W_k)^2 \end{cases} \qquad G_k = \begin{cases} S_k \\ W_k \end{cases} ;$$

ii)   si calcola la dpm della somma di $(S_k)^2$ e di $(W_k)^2$ assumendo l'ipotesi, che è tanto più accettabile quanto maggiore è il numero delle sorgenti di armoniche da sommare, di indipendenza statistica tra $(S_k)^2$ e $(W_k)^2$ come:

$$f_T = f_{Z_{k1}} \cdot f_{Z_{k2}} \tag{127}$$

con:

$$Z_{k1} = (S_k)^2$$
$$Z_{k2} = (W_k)^2,$$

iii)   la dpm di I_k è valutata come:

$$f_{I_k} = 2I_k f_T \left\{ (I_k)^2 \right\} \tag{128}$$

Nessuna procedura è fornita dagli autori per la dpm f_{Φ_k}, che in [15,27] è ricavata, invece, in forma chiusa sotto opportune ipotesi semplificative.

Notevoli semplificazioni nel modello proposto sono ovviamente ottenibili laddove sia verificata l'ulteriore ipotesi di normalità delle f_{S_k} e f_{W_k}. Questo è il caso che si verifica quando il numero N dei carichi non lineari presenti è tanto elevato da rendere verificate le condizioni di applicabilità del Teorema Limite Centrale. Si ha, infatti:

$$f_{S_k} = \frac{e^{-\frac{(S_k - \mu_{Sk})^2}{2\sigma_{Sk}^2}}}{\sqrt{2\pi\sigma_{Sk}^2}}$$

$$f_{W_k} = \frac{e^{-\frac{(W_k - \mu_{Wk})^2}{2\sigma_{Wk}^2}}}{\sqrt{2\pi\sigma_{Wk}^2}}, \tag{129}$$

ove le medie μ_{Sk} e μ_{Wk}, e le varianze σ_{Sk}^2 e σ_{Wk}^2 sono facilmente calcolabili come:

$$\mu_{Sk} = \sum_{i=1}^{N} \mu_{X_{ki}} , \mu_{Wk} = \sum_{i=1}^{N} \mu_{Y_{ki}} ,$$

$$\sigma_{Sk}^2 = \sum_{i=1}^{N} \sigma_{X_{ki}}^2 \quad e \quad \sigma_{Wk}^2 = \sum_{i=1}^{N} \sigma_{Y_{ki}}^2$$

con $\mu_{X_{ki}} \left(\mu_{Y_{ki}} \right)$ media e $\sigma_{X_{ki}}^2 \left(\sigma_{Y_{ki}}^2 \right)$ varianza della variabile aleatoria $X_{ki} \left(Y_{ki} \right)$.

12.2.2 Metodo di Kazibwe et alii

Il metodo [20] richiede che il numero N dei contributi da sommare sia in ogni caso elevato e assume, inoltre, che esistano condizioni di indipendenza statistica fra le X_{ki} e fra le Y_{ki}. E' così applicabile il Teorema Limite Centrale e, quindi, $f_{S_k W_k}$ risulta gaussiana del tipo:

$$f_{S_k W_k} = \frac{e^{-\frac{\eta}{2(1-r^2)}}}{2\pi \sigma_{S_k} \sigma_{W_k} \sqrt{1-r^2}} \tag{130}$$

dove:

$$\eta = \left(\frac{\left(S_k - \mu_{S_k} \right)^2}{\sigma_{S_k}^2} - \frac{2r \left(S_k - \mu_{S_k} \right) \left(W_k - \mu_{W_k} \right)}{\sigma_{S_k} \sigma_{W_k}} + \frac{\left(W_k - \mu_{W_k} \right)^2}{\sigma_{W_k}^2} \right)$$

$$r = \frac{\sigma_{S_k W_k}^2}{\sigma_{S_k} \sigma_{W_k}}$$

con:

$$\sigma_{S_k W_k}^2 = \sum_{i=1}^{N} \sigma_{X_i Y_i}^2$$

essendo:

$$\sigma_{X_i Y_i}^2 = E\{X_i Y_i\} - \mu_{X_i} \mu_{Y_i}$$

$$E\{X_i Y_i\} = \int_{-\infty}^{\infty} \int_{-\infty}^{\infty} x_i y_i f_{x_i y_i} \, dx_i y_i .$$

Anche le dpm f_{S_k} e f_{W_k} risultano gaussiane ed hanno espressioni del tipo delle (129).

Dalla conoscenza della $f_{S_k W_k}$ è ricavabile, poi, senza il ricorso ad ulteriori ipotesi semplificative, la $f_{I\Phi}$, anche se gli autori forniscono l'espressione analitica della f_I direttamente in funzione della $f_{S_k W_k}$.

E' interessante notare che l'applicazione del metodo non richiede alcuna ipotesi di indipendenza statistica né fra ciascuna coppia di variabili aleatorie X_{ki} e Y_{ki} - che vanno, pertanto, caratterizzate in ingresso per il tramite della dpc - né fra la S_k e la W_k.

Si noti, inoltre, che una indiscutibile onerosità del metodo è legata alla necessità di risolvere forme integrali tutt'altro che semplici.

Un confronto fra i metodi di Baghzouz e di Kazibwe porta ad evidenziare quanto segue:

- entrambi i metodi richiedono l'assunzione dell'ipotesi di indipendenza statistica fra le X_{ki} e fra le Y_{ki};

- il primo metodo è applicabile anche per un numero limitato di contributi costringendo, però, al calcolo oneroso di numerosi prodotti di convoluzione e all'assunzione dell'ipotesi di indipendenza statistica fra S_k e W_k, certamente criticabile per N limitato;

- il secondo metodo è applicabile solo per N elevato e non richiede l'assunzione di ipotesi di indipendenza statistica fra S_k e W_k, ma comporta indiscutibili oneri legati alla risoluzione di forme integrali.

12.2.3 Tecniche di simulazione tipo Monte Carlo

Una alternativa ai metodi precedentemente esposti, che sono di tipo prevalentemente analitico, è costituita dall'impiego di tecniche di simulazione tipo Monte Carlo.

L'utilizzo di tali tecniche, che in genere comporta un elevato onere computazionale, è di grosso interesse per la soluzione del problema in esame sia per la validazione, nei casi citati in precedenza, delle tecniche analitiche disponibili e sia quando non è possibile assumere una o tutte le ipotesi semplificative che queste tecniche impongono.

12.2.4 Metodo di Lagostena et alii

La tecnica [3], nella sua versione originale, consente di ricavare il modulo della somma di N contributi, ciascuno di modulo noto con certezza e di fase aleatoria.

Essa propone la relazione:

$$I_k = \sqrt[\alpha]{I_{k1}^{\alpha} + I_{k2}^{\alpha} + ... + I_{kN}^{\alpha}} \tag{131}$$

con α compreso fra 1, che corrisponde alle condizioni di sinfasicità dei contributi elementari, e 2 che corrisponde alle condizioni di distribuzione uniforme dei vettori componenti nei 90 gradi di un quadrante. L'esperienza acquisita dall'ENEL sembra suggerire l'utilizzo di $\alpha = 1 \div 1,2$ per armoniche di ordine ≤ 7 e $\alpha = 2$ per le armoniche di ordine superiore a 7.

Una possibile estensione della tecnica su esposta potrebbe essere quella che, conservata la regola di distribuzione aleatoria delle fasi compattamente espressa dall'esponente α, consente di ottenere la f_{I_t} a partire dalle $f_{I_{ki}}$ nel modo seguente:

i)   a partire dalle $f_{I_{ki}}$ si calcolano le $f_{I_{ki}}^{\alpha}$ come:

$$f_{I_{ki}}^{\alpha} = \frac{1}{2\sqrt[\alpha]{I_{ki}^{\alpha}}} \left[f_{I_{ki}}\left(\sqrt[\alpha]{I_{ki}^{\alpha}}\right) + f_{I_{ki}}\left(-\sqrt[\alpha]{I_{ki}^{\alpha}}\right) \right]; \tag{132}$$

ii)   la dpm della somma $\left(I_{k1}^{\alpha} + I_{k2}^{\alpha} + ... + I_{kN}^{\alpha} \right)$ viene calcolata, assumendo l'indipendenza statistica fra i singoli addendi, come:

$$f_T = f_{I_{k1}}^{\alpha} \cdot f_{I_{k2}}^{\alpha} \cdot f_{I_{kN}}^{\alpha} ; \tag{133}$$

iii)   si calcola la f_{I_t} come:

$$f_{I_t} = \alpha \cdot I_k^{\alpha-1} \cdot f_T \left\{ (I_k)^{\alpha} \right\} \tag{134}$$

E' chiaro che nel caso di N elevato risulterebbero applicabili le semplificazioni consentite dalla utilizzazione del Teorema Limite Centrale. In ogni caso non si otterrebbero informazioni circa la dpm della fase corrente.

12.3 Caso di più carichi non lineari presenti in nodi diversi

Il problema, in questo caso, consiste nella caratterizzazione statistica di una M-upla di vettori $\bar{I}_1^h, ..., \bar{I}_M^h$, ciascuno risultante dei contributi di più carichi non lineari presenti in uno degli M nodi della rete.

In linea di principio, la caratterizzazione potrebbe essere ottenuta per il tramite di una dpc di 2M variabili reali. La evidente complessità insita nella costruzione sperimentale di una tale dpc, anche nel caso di reti di piccole dimensioni, ha fatto sì che, sino ad oggi, tale problema di caratterizzazione statistica non sia mai stato affrontato in modo compiuto. Sono, comunque, apparsi in letteratura lavori in cui viene proposto l'impiego di speciali sistemi di misura, che, consentendo il rilievo sincronizzato di più grandezze elettriche nei nodi di un sistema elettrico, potrebbero rendere, di fatto, possibile la costruzione sperimentale della suddetta dpc.

Teoricamente, poi, sarebbe possibile anche una costruzione analitica o numerica delle dpc cercate, sfruttando modelli dei carichi non lineari, a partire, questa volta, dalla conoscenza delle distribuzioni delle dpc delle variabili aleatorie indipendenti che ne determinano le condizioni di funzionamento.

Appunti ed osservazioni

13

ARMONICHE DI TENSIONE NEI NODI

DI UNA RETE ELETTRICA

Il vettore $\overline{V}_k^h$ dell'armonica di tensione di ordine h nel nodo k di una rete può essere rappresentato, come nel caso della corrente, nella forma:

$$\overline{V}_k^h = Q_k^h + jR_k^h \tag{135}$$

o come:

$$\overline{V}_k^h = V_k^h e^{j\Theta_k^h}, \tag{136}$$

valendo tra la (135) e la (136) relazioni di trasformazione analoghe alle (113) e (114).

La caratterizzazione statistica del vettore $\overline{V}_k^h$ va effettuata per il tramite delle dpc $f_{Q_k^h R_k^h}$ o $f_{V_k^h \Theta_k^h}$, potendosi passare, se di interesse, dall'una all'altra dpc con le relazioni di trasformazione già richiamate in precedenza.

Nella realtà, la grandezza di interesse è in genere il modulo della tensione, caratterizzato dalla dpm $f_{V_k^h}$. Nel caso in cui è nota la dpc $f_{V_k^h \Theta_k^h}$ alla $f_{V_k^h}$ si può pervenire, direttamente, applicando un relazione analoga alla (116); nel caso, invece, in cui è nota la $f_{Q_k^h R_k^h}$ può procedersi così come fatto in precedenza.

E' interessante comunque notare sin d'ora che spesso vengono ricavate direttamente le dpm del modulo della tensione o della parte reale ed immaginaria della stessa, senza passare per la preventiva individuazione delle dpc.

Un' analisi dei metodi apparsi in letteratura per la valutazione delle dpc o delle dpm delle armoniche di tensione mostra chiaramente che i vari autori hanno sempre proceduto con l'ottica di estendere al campo probabilistico le procedure di calcolo adottate nel campo deterministico. Pertanto, i metodi proposti possono distinguersi in quelli che non portano in conto l'interazione che esiste tra ciascun carico non lineare e la rete di alimentazione (Metodo Diretto Probabilistico) e in metodi che la considerano (Metodo Iterativo Probabilistico).

13.1 Metodo diretto probabilistico

Con il metodo diretto la valutazione delle armoniche di tensione nei nodi del sistema elettrico viene effettuata indipendentemente dalla valutazione delle armoniche di corrente immesse in rete dai carichi non lineari. In particolare, i valori delle armoniche di corrente sono calcolati, separatamente per ciascun carico non lineare, assegnando opportunamente le condizioni di alimentazione degli stessi. La valutazione delle armoniche di tensione viene effettuata, nel dominio della frequenza, con la relazione

$$\overline{V}_k^h = \dot{Z}_{k,1}^h \overline{I}_1^h + ... + \dot{Z}_{k,M}^h \overline{I}_M^h, \tag{137}$$

essendo $\dot{Z}_{i,j}^h$ l'elemento (i,j) della matrice delle impedenze calcolata per l'armonica di ordine h. In un sistema elettrico, in cui gli squilibri dei carichi e le dissimmetrie di altri componenti possono ritenersi trascurabili, le (137) sono scritte con riferimento al circuito monofase equivalente dell'intero sistema. Negli altri casi, le (137) sono scritte con riferimento a tutti i nodi del sistema trifase.

L' estensione in ambito probabilistico del metodo diretto comporta, evidentemente, come primo problema da risolvere quello della caratterizzazione statistica delle armoniche di corrente immesse in rete dai carichi non lineari; questo problema è risolto procedendo così come descritto precedentemente. Note le distribuzioni di probabilità delle armoniche di corrente, marginali o congiunte secondo le caratteristiche del problema in studio, si pone, poi, l'ulteriore problema della caratterizzazione statistica del vettore $\overline{V}_k^h$.

13.1.1 Approccio di Baghzouz et alii [19]

Il vettore $\overline{V}_k^h$ dell'armonica di tensione di ordine h nel nodo k è rappresentato nella forma (135), per cui l'equazione (137) è espressa in coordinate cartesiane nella forma:

$$\overline{V}_k^h = Q_k^h + jR_k^h = \sum_{i=1}^{M}\left(\delta_{k,i}^h S_i^h - \tau_{k,i}^h W_i^h\right) + j\sum_{i=1}^{M}\left(\delta_{k,i}^h W_i^h + \tau_{k,i}^h S_i^h\right), \quad \textbf{(138)}$$

in cui $S_i^h\left(\delta_{k,i}^h\right)$ e $W_i^h\left(\tau_{k,i}^h\right)$ sono, rispettivamente, la parte reale ed il coefficiente della parte immaginaria di $\overline{I}_i^h = \left(\dot{Z}_{k,i}^h\right)$.

Nell'ipotesi di ritenere trascurabili gli squilibri di carico e le dissimmetrie di altri componenti, le (138) sono scritte con riferimento al circuito monofase equivalente dell'intero sistema. Inoltre, le grandezze S_i^h e W_i^h sono assunte statisticamente indipendenti e, pertanto, caratterizzate per il tramite delle sole dpm, che sono calcolate così come mostrato precedentemente.

Considerando, allora, i termini $\dot{Z}_{k,i}^h$ deterministici, vengono ricavate, in primo luogo, le dpm dei singoli termini delle sommatorie presenti nelle (138), e ciò con la relazione:

$$f_y = \frac{1}{k}f_x\left(\frac{y}{k}\right), \quad \textbf{(139)}$$

avendo indicato con y=kx il generico termine delle sommatorie.

Assumendo, poi, condizioni di indipendenza statistica anche fra tutti i termini che costituiscono le suddette sommatorie, si calcolano, effettuando i prodotti di convoluzione, le dpm delle grandezze somma Q_k^h e R_k^h; a partire da queste ultime si perviene, infine, alla dpm del modulo della tensione seguendo la procedura precedentemente riportata per il modulo della corrente.

Valgono per questo metodo di calcolo delle armoniche di tensione le stesse considerazioni precedentemente effettuate per le armoniche di corrente.

13.1.2 Approccio di Kazibwe et alii [20]

Il vettore $\overline{V}_k^h$ è, ancora una volta, rappresentato nella forma (135). Gli autori assumono, poi, note le dpm dei moduli I_i^h e delle fasi Φ_i^h delle armoniche di corrente $\overline{I}_i^h$ immesse nei nodi del sistema, per cui esprimono la relazione (137), in coordinate cartesiane, nella forma:

$$\overline{V}_k^h = Q_k^h + jR_k^h = \sum_{i=1}^{M} X_{k,i}^h + j\sum_{i=1}^{M} Y_{k,i}^h \qquad (140)$$

con:

$$X_{k,i}^h = U_{k,i}^h \cos\phi_{k,i}^h$$
$$Y_{k,i}^h = U_{k,i}^h \sin\phi_{k,i}^h,$$

e con:

$$U_{k,i}^h = \left|\dot{Z}_{k,i}^h\right|\left\|\overline{I}_i^h\right|$$
$$\phi_{k,i}^h = \vartheta_{k,i}^h + \Phi_i^h,$$

essendo $\vartheta_{k,i}^h$ l'argomento dell'elemento (k,i) della matrice delle impedenze nodali per l' armonica di ordine h.

Assumendo, allora, i termini $\dot{Z}_{k,i}^h$ deterministici:

i)   si calcolano le dpm delle grandezze $U_{k,i}, \phi_{k,i}$ tramite le relazioni:

$$f_{U_{k,i}} = \frac{f_{I_i}\left(\dfrac{U_{k,i}}{\left|\dot{Z}_{k,i}\right|}\right)}{\left|\dot{Z}_{k,i}\right|} \qquad (141)$$

$$f_{\Phi_{k,i}} = f_{\Phi_i}\left(\Phi_i - \vartheta_{k,i}\right),$$

ii)   si calcolano le dpm delle grandezze $X_{k,i}^h$ e $Y_{k,i}^h$ a partire dalla conoscenza delle dpm di cui al passo i) e applicando una procedura del tutto identica a quella richiamata in precedenza.

Nell'ulteriore ipotesi che il numero dei termini da sommare nelle (140) sia molto elevato e che esistano, inoltre, condizioni di indipendenza statistica tra i singoli termini di ciascuna delle due sommatorie ivi presenti, si calcolano, poi, la dpc $f_{Q_k^h R_k^h}$ e, infine, la dpm $f_{V_k^h}$ del modulo della tensione con la stessa procedura riportata precedentemente per il caso della somma di più carichi non lineari in un nodo di una rete.

Anche con questo metodo si ritengono trascurabili gli squilibri di carico e le dissimmetrie di altri componenti, per cui le (140) sono scritte con riferimento al circuito monofase equivalente dell'intero sistema.

Rispetto alla procedura proposta dagli stessi autori per la caratterizzazione statistica delle armoniche di corrente, è interessante notare che:

- non si fa uso, come dato di ingresso, di alcuna dpc, in quanto le armoniche di corrente, uniche grandezze statistiche di ingresso, sono caratterizzate per il tramite delle dpm;

- appare eccessivamente ottimistica l'ipotesi che il numero dei termini da sommare nelle (140) sia molto elevato;

- appare perlomeno strano che gli autori non facciano ricorso alla caratterizzazione delle correnti e delle tensioni tramite le dpc, avendo fornito gli stessi autori, per la somma delle correnti, una procedura che lo consentirebbe.

13.1.3 Approccio di Al-Schakarchi et alii [22]

Il vettore $\overline{V}_k^h$ dell'armonica di tensione di ordine h nel nodo k e le armoniche di corrente immesse nei nodi del sistema sono rappresentati in forma polare, per cui l'equazione (137) è espressa anch'essa in coordinate polari. Il modulo della tensione risulta allora:

$$V_k^h = \left\{ \sum_{i=1}^{M}\left(Z_{k,i}^h I_i^h\right)^2 + 2\sum_{i=1}^{M-1} Z_{k,i}^h I_i^h \left[\sum_{j=i+1}^{M} Z_{k,j}^h I_j^h \cos\left(\beta_{k,i}^h - \beta_{k,j}^h\right) \right] \right\}^{1/2} , \quad (142)$$

con:

$$\beta_{k,i}^h = \vartheta_{k,i}^h + \Phi_i^h.$$

Applicando, poi, alle (142) lo sviluppo in serie di Taylor troncato al primo termine si ottiene la forma linearizzata:

$$V_k^h = \sum_{i=1}^M A_{k,i}^h I_i^h + \sum_{i=1}^M B_{k,i}^h \Phi_i^h + \gamma_k^h. \tag{143}$$

Nelle (143) se si assumono, ancora una volta, i termini $\dot{Z}_{ij}^h$ deterministici, si ha che le grandezze $A_{k,i}^h$, $B_{k,i}^h$ e γ_k^h sono delle costanti, per cui la dpm (143) si può calcolare, applicando la solita ipotesi di indipendenza statistica dei termini delle sommatorie, tramite i prodotti di convoluzione.

I risultati cui si perviene applicando la forma prima realizzata e poi troncata nei termini di ordine superiore risultano molto prossimi a quelli, non approssimati, cui si perviene applicando le (138) o le (140), e ciò almeno nei casi analizzati in [22]; ciò significa, evidentemente, che le approssimazioni introdotte dalla linearizzazione delle (137), in alcuni casi, risultano del tutto accettabili.

E' interessante notare che in tutte le formulazioni del metodo diretto probabilistico illustrate in precedenza si sono sempre assunti deterministici i termini $\dot{Z}_{ij}^h$ della matrice delle impedenze calcolata per l'armonica di ordine h; non si sono portate, cioè, in conto le incertezze che caratterizzano inevitabilmente tali termini. Non sempre tale ipotesi è realmente accettabile: elementi di incertezza sono, infatti, introdotti dalla variabilità delle configurazioni di rete e, per una assegnata configurazione, dai valori che possono assumere i parametri elettrici dei circuiti equivalenti dei vari componenti che costituiscono il sistema di potenza in studio (linee, trasformatori, carichi).

Un modo interessante di portare in conto le suddette incertezze è, invece, riportato in [21]; l'approccio proposto, che trova applicazione ogni qualvolta è possibile individuare, con riferimento al sistema di potenza in studio, un numero finito Γ^* di intervalli di tempo caratterizzati da determinazioni note con certezza della configurazione di rete, dei carichi lineari e, eventualmente, della generazione [tale invarianza, ovviamente, si traduce nella costanza degli elementi $\dot{Z}_{ij}^h$ in ciascuno degli intervalli], consiste nella seguente procedura:

- si associa a ciascuno degli intervalli di cui sopra la sua probabilità P_j di verificarsi;

- si calcolano le distribuzioni di probabilità f_j^h delle armoniche di tensione relative a ciascuno degli intervalli applicando una delle procedure esposte in precedenza;

- si calcola, infine, la distribuzione di probabilità risultante F^h delle armoniche di tensione applicando la relazione:

$$F^h = \sum_{j=1}^{\Gamma^*} P_j f_j^h. \qquad (144)$$

13.1.4 Approcci con tecniche di simulazione tipo Monte Carlo

Con riferimento alle formulazioni precedenti del metodo diretto probabilistico, è anche interessante notare come dai vari autori siano stati sempre assunti come riferimento, rispetto al quale testare la validità delle approssimazioni fatte, i risultati di simulazioni tipo Monte Carlo. Queste presentano, evidentemente, anche nei casi in esame, gli stessi vantaggi ed oneri già osservati precedentemente, a proposito della rappresentazione statistica delle correnti.

13.2 Metodo iterativo probabilistico

Il metodo iterativo deterministico si basa su una procedura iterativa, in ciascun passo della quale si risolve, in successiva, dapprima il modello che descrive il funzionamento dei convertitori e, poi, quello che descrive il comportamento a regime della rete. Nella soluzione del modello dei convertitori si calcolano le armoniche di corrente da essi immesse in rete, assumendo fissate le tensioni di alimentazione degli stessi; quando si risolve il modello della rete si calcolano le armoniche di tensione nei nodi della stessa, assumendo fissate le iniezioni di corrente da parte dei convertitori. Il calcolo delle armoniche di corrente viene effettuato con uno dei modelli del convertitore, il più adatto alle caratteristiche del sistema in studio; il calcolo delle armoniche di tensione nei nodi della rete viene effettuato con le (137), e quindi direttamente nel dominio della frequenza.

La procedura iterativa richiede la conoscenza preliminare dello stato elettrico del sistema in studio alla fondamentale (ottenuta con un calcolo dei flussi di potenza monofase o trifase AC/DC), in quanto da esso si traggono i valori di alcune grandezze, quali la tensione di alimentazione alla fondamentale dei convertitori, necessarie alle successive valutazioni alle armoniche.

Poiché il suddetto metodo include una procedura iterativa, ne consegue che, inevitabilmente, nell'impiegarlo anche nel campo probabilistico, è stato necessario far ricorso ad un approccio tipo Monte Carlo.

Come si evince dal grafo di flusso di principio della Fig. 8, il metodo iterativo probabilistico prevede che sia inizialmente effettuato il calcolo dei flussi di potenza AC/DC assumendo come determinazioni delle grandezze statistiche di ingresso quelle generate, tramite opportuni codici di calcolo, conformemente alle distribuzioni di probabilità assunte per le grandezze di ingresso.

Definite così le condizioni di funzionamento alla fondamentale del sistema AC/DC, la simulazione Monte Carlo procede con la valutazione delle armoniche di tensione nei nodi della rete e delle armoniche di corrente di ciascun convertitore. Tale valutazione è effettuata risolvendo gli stessi modelli impiegati con il metodo iterativo deterministico.

La procedura di simulazione viene ripetuta per il numero di determinazioni ritenuto sufficiente a garantire il preassegnato valore atteso di precisione sulle distribuzioni di probabilità delle grandezze di uscita.

Poiché la procedura di simulazione tipo Monte Carlo richiede considerevoli oneri computazionali, gli autori hanno introdotto alcuni accorgimenti tesi ad una loro riduzione. In particolare:

- il calcolo dei flussi di potenza AC/DC è risolto impiegando come algoritmo il metodo del Newton-Raphson " fast-decoupled", nel quale, inoltre, le variabili di stato, in ciascun passo della procedura di Monte Carlo, hanno valori iniziali posti pari a quelli ottenuti nella soluzione del passo precedente;

- l'analisi alle armoniche della rete è condotta con riferimento ad un sistema equivalente, ottenuto dal sistema elettrico originario ridotto ai soli nodi in cui sono presenti carichi non lineari.

Dall'analisi del metodo iterativo probabilistico è possibile affermare che:

- l'onere computazionale, nonostante gli accorgimenti per ridurlo illustrati in precedenza, è in generale molto consistente;

- non esistono problemi nel portare in conto gli eventuali elementi di aleatorietà presenti negli elementi delle matrici delle impedenze nodali, sia alla fondamentale che alle armoniche;

- non esistono difficoltà teoriche nel trattare, a nessun livello, variabili caratterizzate da dpc;

- non esistono difficoltà teoriche nel portare in conto gli squilibri dei carichi e le dissimmetrie di altri componenti.

13.3 Aspetti normativi

Allo stato attuale, non esiste ancora una normativa che disciplini in modo esaustivo la complessa materia dell'inquinamento armonico. In previsione della emanazione di specifiche Norme, nel seguito si analizza come queste ultime potrebbero recepire i più importanti aspetti inerenti alla natura aleatoria dell'inquinamento armonico.

Il principio-guida della normativa relativa al problema dell'inquinamento armonico, così come avviene per tutti gli altri aspetti della qualità del sistema elettrico, deve essere, ovviamente, quello di disciplinare in maniera equa il rapporto distributore-utente.

Nella pratica, tale esigenza si concretizza nella individuazione dei limiti massimi da imporre ai valori di opportune grandezze scelte per caratterizzare sia il distributore che l'utente rispetto al fenomeno, avendo come obiettivo realistico quello di ridurre, piuttosto che eliminare, gli effetti globali dell'inquinamento armonico. In particolare, la definizione di tali grandezze e la verifica del rispetto dei relativi limiti devono essere riferiti ad un punto di interfaccia tra il sistema di distribuzione ed il sistema di utenza: tale punto è fisicamente individuato nel Punto di Connessione Comune (PCC), ossia il punto che è direttamente accessibile ad entrambe le parti per misure e monitoraggi.

In tale ottica, nel campo deterministico sono imposti opportuni limiti alle armoniche di corrente iniettate nel PCC dall'utente, in modo tale da non causare livelli di distorsione della tensione inaccettabili per il sistema dell'ente distributore; da parte sua, l'ente distributore garantisce che la qualità della tensione, sempre nel PCC, sia ad un livello accettabile per il corretto funzionamento del sistema di utenza.

La definizione dei limiti suddetti non può, però, prescindere, sia per le armoniche di corrente che per le armoniche di tensione, dalla aleatorietà del disturbo. Si impone, dunque, la necessità, in analogia a quanto già previsto nelle IEC 1000 [28] sui livelli di compatibilità e di suscettibilità per le reti di distribuzione a bassa tensione, di trattare i livelli ammissibili e le grandezze scelte a caratterizzare l'inquinamento armonico in termini probabilistici [15,21].

Si pensi ad esempio, ad un sistema di utenza che inietta nel PCC un'armonica di corrente di ordine h caratterizzata da una funzione di probabilità cumulata F_{I^h}.

Come ben noto, l'ordinata corrispondente ad una data ascissa I^h indica la probabilità di non eccedere il valore I^h. Il limite da imporre, (I^{h^*}), va associato, in linea di principio, ad una probabilità preassegnata $F_{I^h}^*$ che questo valore non sia superato. L'indicazione della coppia di valori ($I^{h^*}, F_{I^h}^*$) deve tener conto delle esigenze dell'Ente distributore, in quanto deve essere scelto come il più adeguato alla rete che alimenta l'utenza considerata.

Definito in questo modo dalle Norme il livello accettabile del disturbo prodotto da un'utenza distorcente, l'utente dovrà assumere adeguati provvedimenti di attenuazione del disturbo in modo tale da rientrare nei limiti imposti. L'adozione di un opportuno sistema di filtraggio, ad esempio passivo, consentirà di modificare l'andamento della funzione di probabilità cumulata.

Le precedenti funzioni di probabilità cumulata sono ricavate per differenti valori dei parametri del sistema di filtraggio e, tra loro, può essere individuato un insieme di curve tali da rispettare il limite ($I^{h^*}, F_{I^h}^*$). La scelta definitiva dei parametri del filtro potrà essere condotta adottando, tra le soluzioni che soddisfano il limite, quella a minimi costi.

In modo duale, lato rete di distribuzione, avendo assunto come grandezze significative le armoniche di tensione, il limite nel PCC può essere definito come quel valore V^{h^*} al quale è associato una probabilità preassegnata, $F_{V^h}^*$, di non essere superato.

In tale caso le coppie di valori (V^{h^*}, $F_{V^h}^*$) possono essere definite in modo da caratterizzare ambienti differenti in termini di qualità della consegna di energia.

Da quanto detto appare evidente come a livello normativo è auspicabile un corretto coordinamento tra Ente distributore ed utente sia per la scelta delle grandezze da assumere per la caratterizzazione del fenomeno e sia per i limiti da imporre ad esse.

A tal fine potrà risultare di particolare utilità l'impiego di opportuni indici [21] con i quali è possibile portare globalmente in conto sia l' entità dei danni causati all'Ente distributore ed all'utente dall'inquinamento armonico sia la natura aleatoria del fenomeno.

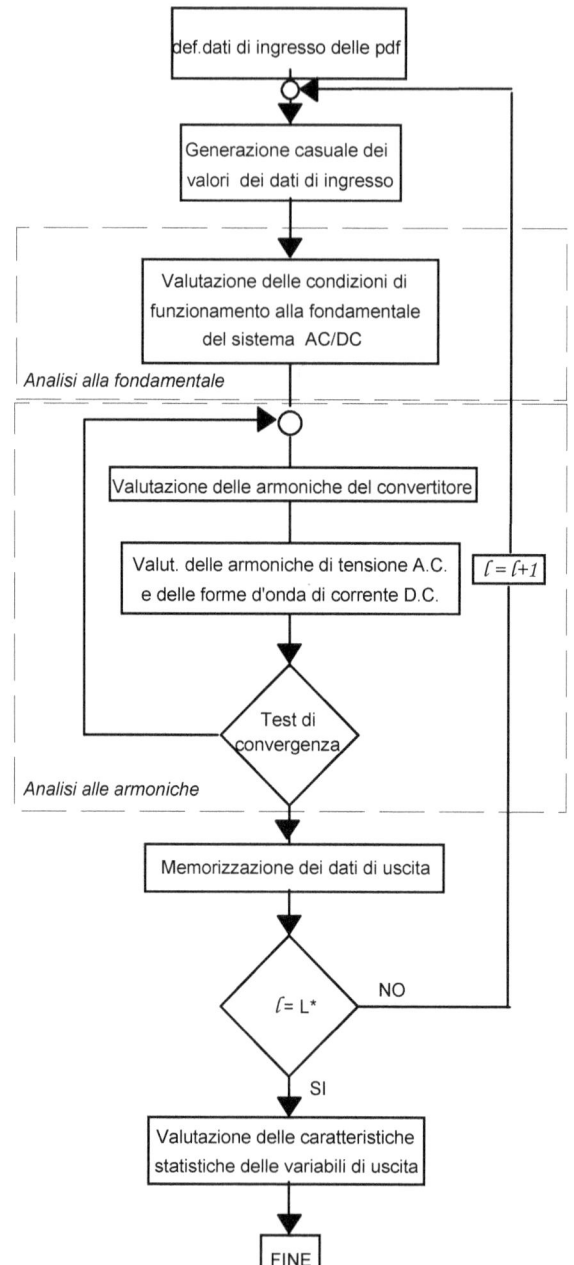

Fig. 8 - Metodo iterativo probabilistico

PARTE IV

APPLICAZIONI

14

SOMMARIO DELLA PARTE IV

Nella Parte 4 del volume viene proposta un'applicazione numerica, nella quale viene affrontato il problema del calcolo del valore atteso del danno con riferimento ad un semplice sistema elettrico industriale di potenza.

In particolare, viene prima descritto il sistema elettrico in esame (Capitolo 15) e, successivamente (Capitolo 16), vengono presentati, sotto forma tabellare e grafica, i risultati ottenuti nella valutazione del danno economico tramite l'applicazione della metodologia esposta nei precedenti capitoli.

Appunti ed osservazioni

15

DESCRIZIONE DEL SISTEMA ELETTRICO

IN ESAME

Il sistema in studio consiste di un trasformatore da 630 kVA che alimenta una sbarra a 380 V dove sono collegati carichi non lineari, motori trifase ad induzione e banchi di capacità.

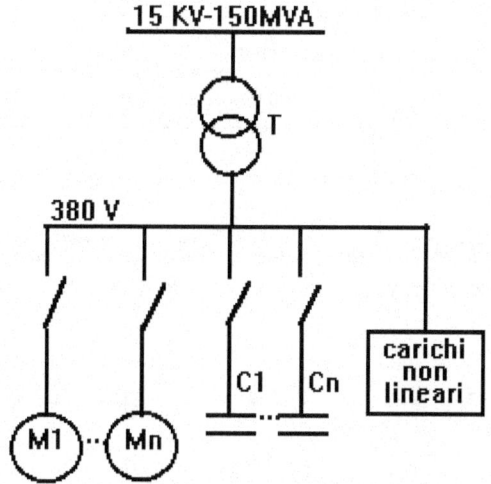

Fig. 9 - Sistema industriale di potenza

Si assume che la vita del sistema sia pari a 30 anni e che in ciascun anno si susseguano le seguenti configurazioni:

- Configurazione 1 [durata 912 ore]:

  Il trasformatore da 630 kVA alimenta 2 motori asincroni trifase da 110 kW e un banco di condensatori di 500 μF;

- Configurazione 2 [durata 912 ore]

  Rispetto alla configurazione 1 vengono aggiunti un motore da 110 kW ed un banco di capacità di 200 μF;

- Configurazione 3 [durata 1826 ore]

  Rispetto alla configurazione 2 vengono aggiunti un motore da 11 kW ed un banco di capacità di 50 μF.

I valori dei parametri dei circuiti equivalenti alle armoniche del trasformatore e dei motori ad induzione sono riportati nelle tabelle IV 1 - IV 2.

Ordine di armonica	Resistenza equivalente vista dal secondario [Ω]	Impedenza equivalente vista dal secondario [Ω]
5	0.005793	0.053813
7	0.008003	0.075326
11	0.013301	0.118449
13	0.016322	0.140054
17	0.023000	0.183348
19	0.026626	0.205036

Tab.12 - Valori dei parametri dei circuiti equivalenti alla fondamentale ed alle armoniche del trasformatore da 630 kVA, espressi in Ω

Ordine di armonica	Resistenza equivalente vista dal primario [Ω]		Impedenza equivalente vista dal primario [Ω]	
h	Motore 110 kW	Motore 11 kW	Motore 110 kW	Motore 11 kW
5	0.182	5.801	1.648	14.23
7	0.208	6.63	2.273	19.123
11	0.249	7.987	3.513	28.855
13	0.267	8.571	4.131	33.706
17	0.299	9.618	5.362	43.384
19	0.313	10.095	5.977	48.214

Tab.13 - Valori dei parametri dei circuiti equivalenti alla fondamentale ed alle armoniche dei motori da 110 kW e da 11 kW, espressi in Ω

Nello studio si è ipotizzato un costo unitario dell'energia elettrica nel primo anno del periodo di studio pari a 0.000118 $ USA per Wh, un valore attuale del tasso di sconto pari a 0.075, un tasso di incremento annuo del costo unitario dell'energia elettrica pari a 0.05 ed un valore del coefficiente di perdita dei condensatori pari a 0.004.

Il costo unitario dell'energia elettrica all'anno n, attualizzato all'inizio del periodo di studio, sarà quindi pari a:

$$\varphi_{wh}^{act}(n) = 0.000118 \cdot \frac{(1+0,05)^{(n-1)}}{(1+0,075)^{(n-1)}}.$$

Come riportato in precedenza, per determinare il valore atteso del danno è necessario conoscere le funzioni densità di probabilità delle grandezze armoniche (tensione e corrente).

Nel seguito vengono preassegnate per le armoniche di tensione della sbarra da 380V le funzioni densità di probabilità mostrate in Fig. 10, rappresentative di situazioni tipiche di funzionamento.

Le funzioni densità di probabilità per le armoniche di corrente che interessano il trasformatore possono essere ricavate considerando il legame che esiste tra tensione e corrente. Infatti si può ottenere la funzione densità di probabilità della variabile aleatoria I in termini della funzione densità di probabilità della variabile aleatoria V moltiplicando, semplicemente, quest'ultima per il valore dell'impedenza.

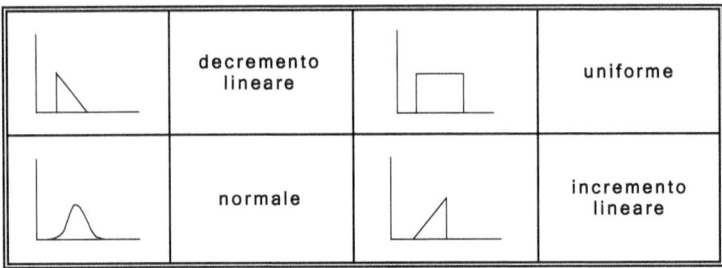

	decremento lineare		uniforme
	normale		incremento lineare

Fig. 10 - Funzioni densità di probabilità

I valori medi e le deviazioni standard considerati per i primi cinque anni sono riportati in tab. 14; si assume che i valori medi aumentino dello 0,5% ogni cinque anni.

Ordine di armonica	Valore medio [%]	Deviazione standard [%]
5	2,5	15
7	2,5	15
11	2,5	15
13	2,5	15
17	1,5	15
19	1,5	15

Tab. 14 - Valori medi e deviazioni standard considerati per i primi cinque anni

16

RISULTATI

I valori del danno atteso dovuto all'aumento delle perdite Joule per il sistema e per i singoli componenti in esame sono riportati nelle successive tabelle IV4-IV10.

Funzione densità di probabilità	Danno totale [k$]	Danno trasformatore [k$]	Danno motori [k$]	Danno capacità [k$]
	5.135	3.942	1.168	0.0249
	5.196	3.989	1.182	0.0252
	4.892	3.756	1.113	0.0234
	4.650	3.570	1.057	0.0226

Tab. 15 - Valori del danno atteso per l'aumento delle perdite Joule di quinta armonica con una deviazione standard del 15%

Funzione densità di probabilità	Danno totale [k$]	Danno trasformatore [k$]	Danno motori [k$]	Danno capacità [k$]
	3.516	2.779	0.703	0.0336
	3.560	2.813	0.711	0.0356
	3.351	2.648	0.670	0.0332
	3.185	2.517	0.637	0.0315

Tab. 16 - Valori del danno atteso per l'aumento delle perdite Joule di settima armonica con una deviazione standard del 15%

Funzione densità di probabilità	Danno totale [k$]	Danno trasformatore [k$]	Danno motori [k$]	Danno capacità [k$]
	2.277	1.869	0.354	0.0545
	2.305	1.891	0.359	0.0555
	2.170	1.780	0.338	0.0522
	2.062	1.691	0.321	0.0496

Tab. 17 - Valori del danno atteso per l'aumento delle perdite Joule di undicesima armonica con una deviazione standard del 15%

Funzione densità di probabilità	Danno totale [k$]	Danno trasformatore [k$]	Danno motori [k$]	Danno capacità [k$]
	1.978	1.640	0.275	0.0635
	2.003	1.659	0.279	0.0655
	1.886	1.562	0.262	0.0617
	1.793	1.485	0.249	0.0587

Tab. 18 - Valori del danno atteso per l'aumento delle perdite Joule di tredicesima armonica con una deviazione standard del 15%

Funzione densità di probabilità	Danno totale [k$]	Danno trasformatore [k$]	Danno motori [k$]	Danno capacità [k$]
	0.880	0.734	0.0997	0.0462
	0.890	0.743	0.1008	0.0467
	0.839	0.700	0.0949	0.0440
	0.797	0.665	0.0903	0.0418

Tab. 19 - Valori del danno atteso per l'aumento delle perdite Joule di diciassettesima armonica con una deviazione standard del 15%

Funzione densità di probabilità	Danno totale [k$]	Danno trasformatore [k$]	Danno motori [k$]	Danno capacità [k$]
	0.815	0.680	0.084	0.051
	0.825	0.688	0.085	0.052
	0.777	0.648	0.080	0.049
	0.738	0.615	0.076	0.047

Tab. 20 - Valori del danno atteso per l'aumento delle perdite Joule di diciannovesima armonica con una deviazione standard del 15%

Funzione densità di probabilità	Danno totale [k$]	Danno trasformatore [k$]	Danno motori [k$]	Danno capacità [k$]
	14.59	11.64	2.68	0.27
	14.78	11.78	2.72	0.28
	13.91	11.09	2.56	0.26
	13.22	10.54	2.43	0.25

Tab. 21 - Valori del danno atteso - per l'aumento delle perdite Joule - totale con una deviazione standard del 15%

Dai valori ottenuti appare che:

- i valori del danno atteso non sono trascurabili, nonostante le piccole dimensioni del sistema in esame;

- il contributo del trasformatore è considerevole;

- il contributo dei banchi di capacità è trascurabile;

- i valori più elevati del danno atteso corrispondono alla distribuzione normale, mentre i valori più piccoli corrispondono alla distribuzione lineare crescente;

- vi è una bassa sensibilità dei valori del danno atteso nei confronti della forma della funzione densità di probabilità.

E' stata inoltre effettuata un'analisi della sensibilità del valore atteso del danno al variare dei valori della deviazione standard delle funzioni densità di probabilità delle armoniche di tensione; in particolare sono stati considerati valori di deviazione standard del 20%, 25% e 30%.

I risultati ottenuti sono riportati nelle tabelle 22-42.

Funzione densità di probabilità	Danno totale [k$]	Danno trasformatore [k$]	Danno motori [k$]	Danno capacità [k$]
	5.3	4.069	1.205	0.0257
	5.531	4.246	1.258	0.0268
	4.976	3.82	1.132	0.0242
	4.652	3.572	1.058	0.0225

Tab. 22 - Valori del danno atteso per l'aumento delle perdite Joule di quinta armonica con una deviazione standard del 20%

Funzione densità di probabilità	Danno totale [k$]	Danno trasformatore [k$]	Danno motori [k$]	Danno capacità [k$]
	3.63	2.869	0.726	0.0347
	3.788	2.993	0.757	0.0376
	3.408	2.693	0.681	0.0338
	3.187	2.518	0.637	0.0316

Tab. 23 - Valori del danno atteso per l'aumento delle perdite Joule di settima armonica con una deviazione standard del 20%

Funzione densità di probabilità	Danno totale [k$]	Danno trasformatore [k$]	Danno motori [k$]	Danno capacità [k$]
	2.351	1.928	0.366	0.0566
	2.453	2.012	0.382	0.0591
	2.207	1.811	0.343	0.0531
	2.064	1.693	0.321	0.0497

Tab. 24 - Valori del danno atteso per l'aumento delle perdite Joule di undicesima armonica con una deviazione standard del 20%

Funzione densità di probabilità	Danno totale [k$]	Danno trasformatore [k$]	Danno motori [k$]	Danno capacità [k$]
	2.042	1.692	0.284	0.0656
	2.132	1.766	0.296	0.0698
	1.918	1.589	0.266	0.0628
	1.794	1.486	0.249	0.0587

Tab. 25 - Valori del danno atteso per l'aumento delle perdite Joule di tredicesima armonica con una deviazione standard del 20%

Funzione densità di probabilità	Danno totale [k$]	Danno trasformatore [k$]	Danno motori [k$]	Danno capacità [k$]
	0.909	0.758	0.103	0.0476
	0.948	0.791	0.107	0.0497
	0.854	0.712	0.097	0.0447
	0.797	0.665	0.09	0.0418

Tab. 26 - Valori del danno atteso per l'aumento delle perdite Joule di diciassettesima armonica con una deviazione standard del 20%

Funzione densità di probabilità	Danno totale [k$]	Danno trasformatore [k$]	Danno motori [k$]	Danno capacità [k$]
	0.842	0.702	0.087	0.0526
	0.879	0.732	0.091	0.0556
	0.791	0.659	0.082	0.0500
	0.739	0.616	0.076	0.0467

Tab. 27 - Valori del danno atteso per l'aumento delle perdite Joule di diciannovesima armonica con una deviazione standard del 20%

Funzione densità di probabilità	Danno totale [k$]	Danno trasformatore [k$]	Danno motori [k$]	Danno capacità [k$]
	15.072	12.018	2.771	0.283
	15.730	12.54	2.891	0.299
	14.154	11.284	2.601	0.269
	13.232	10.550	2.431	0.251

Tab. 28 - Valori del danno atteso (per l'aumento delle perdite Joule) totale con una deviazione standard del 20%

Funzione densità di probabilità	Danno totale [k$]	Danno trasformatore [k$]	Danno motori [k$]	Danno capacità [k$]
⊿	5.489	4.214	1.248	0.0266
⌒	5.959	4.575	1.355	0.0289
⊓	5.084	3.903	1.156	0.0247
◿	4.679	3.592	1.064	0.0227

Tab. 29 - Valori del danno atteso per l'aumento delle perdite Joule di quinta armonica con una deviazione standard del 25%

Funzione densità di probabilità	Danno totale [k$]	Danno trasformatore [k$]	Danno motori [k$]	Danno capacità [k$]
	3.759	2.971	0.752	0.0359
	4.082	3.226	0.816	0.0405
	3.482	2.752	0.696	0.0345
	3.206	2.533	0.641	0.0318

Tab. 30 - Valori del danno atteso per l'aumento delle perdite Joule di settima armonica con una deviazione standard del 25%

Funzione densità di probabilità	Danno totale [k$]	Danno trasformatore [k$]	Danno motori [k$]	Danno capacità [k$]
	2.435	1.997	0.379	0.0586
	2.643	2.168	0.411	0.0636
	2.255	1.850	0.351	0.0543
	2.075	1.702	0.323	0.05

Tab. 31 - Valori del danno atteso per l'aumento delle perdite Joule di undicesima armonica con una deviazione standard del 25%

Funzione densità di probabilità	Danno totale [k$]	Danno trasformatore [k$]	Danno motori [k$]	Danno capacità [k$]
	2.115	1.753	0.294	0.0679
	2.297	1.903	0.319	0.0752
	1.96	1.624	0.272	0.0642
	1.804	1.494	0.251	0.0591

Tab. 32 - Valori del danno atteso per l'aumento delle perdite Joule di tredicesima armonica con una deviazione standard del 25%

Funzione densità di probabilità	Danno totale [k$]	Danno trasformatore [k$]	Danno motori [k$]	Danno capacità [k$]
	0.941	0.785	0.107	0.0493
	1.022	0.852	0.116	0.0536
	0.872	0.727	0.099	0.0457
	0.802	0.669	0.091	0.0421

Tab. 33 - Valori del danno atteso per l'aumento delle perdite Joule di diciassettesima armonica con una deviazione standard del 25%

Funzione densità di probabilità	Danno totale [k$]	Danno trasformatore [k$]	Danno motori [k$]	Danno capacità [k$]
	0.87	0.726	0.09	0.0545
	0.947	0.789	0.098	0.0599
	0.807	0.673	0.083	0.0511
	0.743	0.619	0.077	0.047

Tab. 34 - Valori del danno atteso per l'aumento delle perdite Joule di diciannovesima armonica con una deviazione standard del 25%

Funzione densità di probabilità	Danno totale [k$]	Danno trasformatore [k$]	Danno motori [k$]	Danno capacità [k$]
	15.609	12.446	2.87	0.293
	16.95	13.513	3.115	0.322
	14.46	11.529	2.657	0.274
	13.309	10.609	2.447	0.253

Tab. 35 - Valori del danno atteso (per l'aumento delle perdite Joule) totale con una deviazione standard del 25%

Funzione densità di probabilità	Danno totale [k$]	Danno trasformatore [k$]	Danno motori [k$]	Danno capacità [k$]
	5.702	4.377	1.297	0.0277
	6.484	4.978	1.475	0.0315
	5.215	4.004	1.186	0.0253
	4.73	3.631	1.076	0.023

Tab. 36 - Valori del danno atteso per l'aumento delle perdite Joule di quinta armonica con una deviazione standard del 30%

Funzione densità di probabilità	Danno totale [k$]	Danno trasformatore [k$]	Danno motori [k$]	Danno capacità [k$]
	3.904	3.086	0.781	0.0373
	4.442	3.51	0.888	0.0441
	3.572	2.823	0.714	0.0354
	3.24	2.56	0.648	0.0321

Tab. 37 - Valori del danno atteso per l'aumento delle perdite Joule di settima armonica con una deviazione standard del 30%

Funzione densità di probabilità	Danno totale [k$]	Danno trasformatore [k$]	Danno motori [k$]	Danno capacità [k$]
	2.528	2.074	0.393	0.0609
	2.875	2.359	0.447	0.0692
	2.314	1.898	0.36	0.0557
	2.097	1.721	0.326	0.0505

Tab. 38 - Valori del danno atteso per l'aumento delle perdite Joule di undicesima armonica con una deviazione standard del 30%

Funzione densità di probabilità	Danno totale [k$]	Danno trasformatore [k$]	Danno motori [k$]	Danno capacità [k$]
	2.196	1.821	0.305	0.0705
	2.5	2.071	0.347	0.0818
	2.011	1.666	0.279	0.0658
	1.823	1.51	0.253	0.0597

Tab. 39 - Valori del danno atteso per l'aumento delle perdite Joule di tredicesima armonica con una deviazione standard del 30%

Funzione densità di probabilità	Danno totale [k$]	Danno trasformatore [k$]	Danno motori [k$]	Danno capacità [k$]
	0.977	0.815	0.111	0.0512
	1.111	0.927	0.126	0.0583
	0.894	0.746	0.101	0.0469
	0.81	0.676	0.092	0.0425

Tab. 40 - Valori del danno atteso per l'aumento delle perdite Joule di diciassettesima armonica con una deviazione standard del 30%

Funzione densità di probabilità	Danno totale [k$]	Danno trasformatore [k$]	Danno motori [k$]	Danno capacità [k$]
	0.905	0.755	0.093	0.0566
	1.029	0.858	0.106	0.0651
	0.827	0.69	0.085	0.0524
	0.751	0.626	0.078	0.0475

Tab. 41 - Valori del danno atteso per l'aumento delle perdite Joule di diciannovesima armonica con una deviazione standard del 30%

Funzione densità di probabilità	Danno totale [k$]	Danno trasformatore [k$]	Danno motori [k$]	Danno capacità [k$]
	16.212	12.928	2.98	0.304
	18.442	14,703	3.389	0.35
	14.833	11.827	2.725	0.281
	13.452	10.724	2.473	0.255

Tab. 42 - Valori del danno atteso (per l'aumento delle perdite Joule) totale con una deviazione standard del 30%

In Fig. 11 viene, infine, mostrato l'andamento del danno atteso totale in funzione della deviazione standard per i quattro tipi di funzione densità di probabilità considerati.

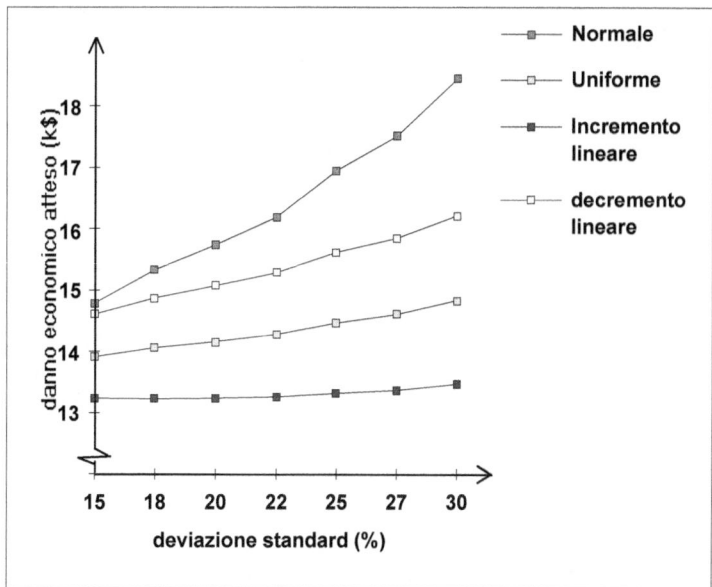

Fig. 11 - Valori del danno atteso totale nei confronti della deviazione standard per il tipo di distribuzione a fianco indicato

La Fig. 11 mostra che, nei confronti della deviazione standard, la distribuzione normale è la più sensibile; la distribuzione lineare crescente, invece, appare la meno sensibile.

Appunti ed osservazioni

BIBLIOGRAFIA

[1]   Probabilistic Evaluation of the Economical Damage due to Harmonic Losses in Industrial Energy Systems
P. Caramia, G. Carpinelli, E. Di Vito, A. Losi, P. Verde
IEEE Transactions on Power Delivery, vol. 11, no. 2, April 1996, pp. 1021-1031

[2]   The Effects of Power System Harmonics on Power System Component and Loads
IEEE Task Force
IEEE Trans. Power Apparatus and Systems, No. 9, Sept. 1985, pp 2555-2563

[3]   Effect of Harmonics on Component
IEEE Task Force
IEEE Trans. on Power Delivery, No. 2, April 1993, pp 672-680

[4]   The Effect of Harmonic Randomness Upon Temperature Rise of Electrical Component
E. Emanuel
Third International Conference on Harmonics in Power Systems, Sept. 1988, Nashville, Indiana (USA), pp. 257-262

[5]   On the Medium Cables Sizing in Presence of Current and Voltage Non-Sinusoidal Waveforms
G. Carpinelli, F. Donazzi, F. Gagliardi, V. Mangoni, F. Rossi, and D. Valenza
L'Energia Elettrica, No. 5, 1987, pp. 143-149

[6]   On the low-voltage and medium-voltage cables sizing problem in presence of current and voltage non-sinusoidal waveforms
G. Carpinelli, F. Donazzi, and D. Valenza,
L'Energia Elettrica, No. 5, 1987, pp. 181-187

[7]   Estimating Effect of System Harmonics on Losses and Temperature Rise of Squirrel-Cage Motors
P. G. Cummings
IEEE Trans. on Industry Applications, vol. IA-22, No. 6, November/December 1986, pp. 1121-1126

[8]   Aging of Electrical Appliances Due to Harmonics of the Power System's Voltage
E. F. Fuchs, D. J. Roesler, K.P. Kovacs
IEEE Trans. on Power Delivery, vol. PWRD-1, No. 3, July 1986, pp. 301-307

[9]   The Effect of the Harmonic Voltage Fluctuation on the Temperature Rise of Power Capacitors
E. Emanuel
International Symposium on Electric Energy Conversion in Power Systems, May 1989, Capri (Italy), pp. 1-16

[10]   Summation of harmonics with random phase angle
W. G. Sherman
IEE Proc. B, 1972, 119, (11), pp. 1643-1648

[11]   Summation of randomly-varying phasors or vectors with particular reference to harmonic levels
N. B. Rowe
IEEE Conf. Pub., 110, 1974, pp. 177-181

[12]   Harmonic distortion from disturbing loads in electric networks. Origin, propagation and problems related to limitation of the disturbances
L. Lagostena, G. Porrino, G. Santagostino, E. Clerici
CIGRE, Paris (France), 1982

[13]   Assessment of combined harmonic distortion from a number of sources
R. D. Kendon, P. Whitaker
IEEE Conf. pub., 210, 1981, pp. 142-147

[14]   Monte Carlo simulation of current harmonics arising from static power converters with random firing angles
L. Pierrat, Y. J. Wang, R. Feuillet
13th IMACS World Cong. on Computation and Applied Math., Dublin (Ireland) 1991, pp. 1562-1563

[15]   A unified statistical approach to vectorial summation of random
       harmonic components
       L. Pierrat
       4th European Conf. on Power Electronics and Applications,
       Florence (Italy) 1991, pp. III.100-III.105

[16]   Probabilistic evaluation of uncharacteristic harmonics in static var
       compensators
       W. E. Kazibwe, T. H. Ortmeyer, Hamman
       Proc. of ICHPS-III, Nashville, USA, 1988

[17]   Statistical approach for individual harmonic distortion evaluation in
       power systems
       A. P. Guarini, R. J. Pinto, R. D. Rangel
       Proc. of ICHPS-IV, Budapest, Hungary, 1990

[18]   Simulation study of random properties of harmonic currents
       generated by static power converters
       Y. J. Wang, L. Pierrat, R. Feuillet, R. S. Shi
       Proc. of UPEC 1991, Brighton (U.K.), 1991

[19]   Probabilistic representation of harmonic currents in a.c. traction
       systems
       R. E. Morrison, A. D. Clark
       IEE Proc. B, 1984, 131, (2), pp. 181-189

[20]   Current harmonics, voltage distortion and powers associated with
       electric vehicles chargers distributed on the residential power
       system
       J. A. Orr, A. E. Emanuel, D. G. Pileggi
       IEEE Trans. on IA, 1984, 20, (2), pp. 727-734

[21]   A Survey of harmonic voltage and currents at the customer's bus
       E. Emanuel, J. A. Orr, D. Cygausky, E. M. Gulacheuski
       IEEE Trans. on PD, 1993, 8, (1), pp. 411-421

[22]   Contribution to the theory of stochastically periodic harmonics in
       power systems
       E. Emanuel, S. R. Kaprielian
       IEEE Trans. on PD, 1986, (3), pp. 285-293

[23]   Un approccio statistico al problema delle armoniche di tensione e
       corrente negli impianti elettrici
       M. Cacciari, C. F. Chizzolini, M. Loggini, G. C. Montanari
       Giornata di studio su "Apparecchi utilizzatori e componenti
       elettronici", Milano, 1989

[24]   General criteria for the stochastic sum of measured harmonics at plant busses
        G. C. Montanari, M. Cacciari, A. Cavallini, e M. Loggioni
        1992 IAS Conference, 4-8 Ottobre 1992, Houston (Texas)

[25]   Harmonic sum for parallel-connected AC/DC converters
        M. Cacciari, A. Cavallini, M. Loggini, R. Miglio, G. C. Montanari
        Prc. of ACEMP 1992, Kusadasi (Turchia), 1992

[26]   A general solution to the harmonics summation problem
        M. Lehtonen
        ETEP, vol. 3, n. 3, 1993, pp. 293-297

[27]   Probabilistic approach for harmonics evaluation in D.C. traction substations under non-idealized conditions
        G. Andria, L. Battistelli, G. Carpinelli, A. Piccolo
        Modelling and Simulation in Engineering, North Holland, New York, 1986

[28]   Probabilistic modeling of power system harmonics
        Y. Baghzouz, O. T. Tan
        IEEE Trans. on I.A., 1987, 23, (1), pp. 173-180

[29]   Summation of probabilistic harmonic vectors
        W. E. Kazibwe, T. H. Ortmeyer, Hamman
        IEEE Trans. on P.D., 1989, 4, (1), pp. 621-628

[30]   Probabilistic modelings for harmonic penetration studies in power systems
        G. Carpinelli, F. Gagliardi, P. Verde
        Proc. of ICHPS-V, Atlanta (USA), 1992

[31]   Power systems probabilistic harmonic load flow
        M. R. G. Al-Shakarchi, K. A. R. Al-Anbarri
        Proc. of ICHPS-IV, Budapest, Hungary, 1990, pp. 63-69

[32]   Prediction of harmonic distortion at 110 kV points of common coupling of consumers with non linear loads
        Polacezk
        Proc. of ICHPS-IV, Budapest, Hungary, 1990, pp. 25-30

[33]   Probabilistic methods applied to harmonic distortion
        E. Duggan, R. E. Morrison
        IEE Conf. on Probabilistic methods in power systems, London (U.K.), 1991, pp. 43-46

[34]   Probabilistic iterative harmonic analysis of power systems
       P. Caramia, G. Carpinelli, F. Rossi, P. Verde
       Accettato per la pubblicazione su Proceedings of IEE, Part. C

[35]   Statistical problems in design of single-tuned shunt filters
       F. Gagliardi, G. Carpinelli, E. Chiodo, D. Lauria, R. Mongelluzzo, P.
       Verde
       *Prc of IV Int. Conference "Computer integrated systems for
       industrial electric power network"*. Lipsia (DDR), 1989

[36]   Esercizi di costruzioni elettromeccaniche
       Vaske-Riggert
       Liguori Editore

[37]   Distribuzione delle perdite nel rame nelle gabbie dei motori
       asincroni a barra alta alimentati con tensioni deformate
       V. Isastia, M. Perez de Vera, M. Scarano
       Consiglio Nazionale delle Ricerche - Università di Napoli - Centro
       di studio sui calcolatori ibridi, Pubblicazione n. 49

[38]   Impianti Elettrici
       F. Iliceto
       Pàtron Editore, Bologna

[39]   Il calcolo della vita utile dei componenti elettrici
       Vittorio Di Vito
       Lulu Inc. Editore, USA (www.lulu.com)

Questa pagina è stata lasciata intenzionalmente bianca

Links utili

AEI, Associazione Elettrotecnica Italiana
www.aei.it

CEI, Comitato Elettrotecnico Italiano
www.ceiuni.it

IEEE, Institute of Electrical and Electronics Engineers
www.ieee.org

LPQI, Leonardo Power Quality Initiative
www.lpqi.org

Politecnico di Bari, Dipartimento di Ingegneria Elettrotecnica ed Elettronica
www-dee.poliba.it

Politecnico di Milano, Dipartimento di Elettrotecnica
www.etec.polimi.it

Politecnico di Torino, Dipartimento di Ingegneria Elettrica
www.polito.it/ricerca/dipartimenti/delet

Università di Bologna, Dipartimento di Ingegneria Elettrica
www.die.unibo.it

Università di Cagliari, Dipartimento di Ingegneria Elettrica ed Elettronica
www.diee.unica.it

Università di Cassino, Dipartimento di Ingegneria Industriale
dii.ing.unicas.it

Università di Catania, Dipartimento di Ingegneria Elettrica, Elettronica e dei Sistemi
www.dees.unict.it

Università "Federico II" di Napoli, Dipartimento di Ingegneria Elettrica
www.diel.unina.it

Università di Genova, Dipartimento di Ingegneria Elettrica
www.die.unige.it

Università de L'Aquila, Dipartimento di Ingegneria Elettrica e dell'Informazione
www.diel.univaq.it

Università "La Sapienza" di Roma, Dipartimento di Ingegneria Elettrica
elettrica.ing.uniroma1.it

Università di Padova, Dipartimento di Ingegneria Elettrica
www.die.unipd.it

Università di Palermo, Dipartimento di Ingegneria Elettrica, Elettronica e delle Telecomunicazioni
www.dieet.unipa.it

Università di Pavia, Dipartimento di Ingegneria Elettrica
www.unipv.it/electric/dipartimento.html

Università di Salerno, Dipartimento di Ingegneria dell'Informazione ed Elettrica
www.diiie.unisa.it

Università di Udine, Dipartimento di Ingegneria Elettrica, Gestionale e Meccanica
www.diegm.uniud.it

INDICE ANALITICO

www.ingramcontent.com/pod-product-compliance
Lightning Source LLC
Chambersburg PA
CBHW051523170526
45165CB00002B/589